九说中国

U0196098

发明里的中国

江晓原 著

上海文艺出版社
Shanghai Literature & Art Publishing House

出版者的话

作为人类四大古文明之一，华夏文明是世界上唯一没有中断并持续发展到今天的文明体系。这一文明体系发源于中国这片土地，在这片土地上发展壮大，立足于这片土地，敞开胸怀接纳吸收来自全人类的优秀文化元素，并不断向周边国家乃至全球传播，在对外交流中又进一步得到完善，从而形成了当今中国的文化面貌，也塑造着我们华夏民族优秀的精神品格。

对这样的文化，我们完全应该有充分的自信。而文化自信，是一个国家、一个民族发展中最基本、最深沉、最持久的力量。为此，我们决定组织编写这套"九说中国"丛书。

"九"这个数字，在中国传统文化中有着特殊的象征意味。在古时，九为阳数的极数，又是大数、多数的虚数，所以，既可以表示尊贵，也可以代表全部。据《尚书·禹贡》所载，大禹治水，后来称王，将天下划分为徐州、冀州、兖州、青州、扬州、荆州、豫州、梁州、雍州等九州；后来，九州可以代指整个中国。青铜器有"九鼎"，成语"一言九鼎"表示说话有分量。"九"还与"久"谐音，有长长久久、绵延不绝之意。

"九说中国"系列丛书在体例上力图打破传统的学科界限和历史分期，从文化表现的角度着眼，系统展示华夏五千年文明的核心元素与基本样貌，凸显中国思想的博大精深、中国文化的源远流长、中国精神的丰富多彩，进而揭示华夏文明所具有的独特气质和深刻内涵，展示华夏文明的兼容并蓄和强大生命力。

中华优秀传统文化需要创造性转化，需要创新性发展；转化与发展最终一定是从实处、细微处生发出来。"九说中国"系列丛书邀请对中国文化素有研究的学者，从承载中华优秀文化的诸多细小的局部和环节入手，从最能代表中国气质、中国气象、中国气派的人物、事物、景物、风物、器物中，选取若干精彩靓丽的内容，以生动的语言和独特的叙事方式，描述华夏传统的不同侧面，向读者传达中华优秀传统文化的精气神。

"九说中国"系列丛书将分辑陆续推出，每辑九种。第一辑九种书目，涉及文字、诗歌、信仰、技术、建筑、民俗日常，并推究建立于其上、传承数千年的华夏观念。为了让海外读者有机会了解中国文化的博大精深和丰富多彩，本丛书在适当的时候还拟推出多种语言的国际版。

上下五千年，纵横一万里。"九说中国"系列丛书力求涵盖面广，兼顾古今，并恰当地引入中外比照；做到"立论有深度，语言有温度，视野有广度"，同时用当代读者喜闻乐见的表达形式加以呈现。

当然，丛书的编写是否达到了策划的预期，还有待读者诸君评鉴。欢迎各位随时提出批评改进的意见和建议。

目录

导　言

关于中国古代有没有科学，一直存在争议。这个问题很大程度上是定义问题，只要给出适当的定义，我们就能够操控问题的答案。

例如，如果希望获得"中国古代没有科学"这样的结论，就可以选择狭义的"科学"定义：科学是指在近代欧洲发展起来的、以实验为特征、以数学为工具的一整套方法、原则和制度。在此定义下，中国古代当然就没有科学。

如果希望获得"中国古代有科学"这个结论呢？也

很容易，只要选择宽泛的"科学"定义：例如"科学是关于自然界的系统知识"。在这样宽泛的定义下，中国古代当然就有科学了。事实上，在这样的定义下，古代世界的任何一个文明都是有科学的，希腊和欧洲根本就没有什么资格傲视群伦。

中国古代有没有科学，这样的问题本来是有一定的情感、道德色彩的，但是这种利用定义操控结论的论证方法，迹近概念游戏，很快就消解了这个问题的严肃性和崇高感。这种消解明显不利于我们在这个问题上的进一步思考。

因此，换一个思路来思考是很有必要的。这个思路就是从技术和发明入手。

和中国古代有没有科学这个问题充满争议不同，对于中国古代的技术成就，不仅在整体上很少争议，而且很多事例中有现存实物作为证据，自然就极大压缩了争议的空间。例如，在稀世珍宝越王勾践剑面前，尽管铸剑工艺之谜至今仍在，但面对宝剑实物，没有人能够否认 2500 年前的越国铸剑师真的掌握了我们现在还无法确知的神奇工艺。

类似的实物证据还有不少，比如交子、都江堰、钓鱼城、中医药、阴阳合历等等。深入思考这些技术成就，我们才有底气面对下面的问题：

在马可·波罗来到中国的时代（元朝初年），甚至更晚些，明朝末年，当意大利人、耶稣会传教士利玛窦来到中国时，他们都为中国这个伟大帝国的富庶感到震惊。特别是在中国南方，那些"诗礼簪缨之族，钟鸣鼎食之家"的上层社会，过着优雅、精致、奢华的生活，和他们相比，那时欧洲王侯们的生活质量几乎就像穷人。中国上层社会这种生活方式和品质，除了财富和文化之外，还依靠什么来支撑呢？

中华民族向来不喜欢侵略和征服，但是数千年间，中华帝国在很多时候一直繁荣强盛。汉朝的大军曾对匈奴穷追猛打，最终将他们赶往欧洲；大唐帝国如日中天的时候，唐朝的驻军远至中亚；即使在南宋半壁江山即将被元蒙帝国征服的前夜，中国军队仍然能够将蒙哥大汗击毙在永不陷落的军事要塞钓鱼城下。中华帝国的力量，除了财富和信念之外，还依靠什么来支撑呢？

……

类似的例子，还可以继续往下举。

答案是：中国社会的生活方式和品质，中华帝国的力量，除了财富、文化、忠诚、信念等等之外，还有一个非常重要的支撑——技术。

从中国古代的技术成就出发，尝试思考这些技术成就背后的理论支撑是什么，就不失为一个富有启发意义的问题。

在我们已经普遍接受的来自现代教育所灌输的观念体系中，我们习惯于认为，技术后面的理论支撑是科学。在当下的情境中，这一点确实是事实。但是，很多人在将这一点视为天经地义时，却并未从理论上深入思考。

例如，如果对"科学"采取较为严格的定义，则现代意义上的、以实验和数学工具为特征的科学，至多只有三四百年的历史，那么即使只看西方世界，在近代科学出现之前，那里的种种技术成就如何解释？那些技术成就背后的理论支撑又是什么呢？举例来说，欧洲那些古老的教堂，都是在现代力学理论出现之前很久就已经建造起来了，那些巨大的石质穹顶，当然可以视为技术奇迹，但这种技术奇迹显然不是由以万有引力作为基础的现代力学理论所支撑的。

当我们将视野转向中国时，这样的问题就会变得更为明显和尖锐。

比如都江堰，秦国蜀郡太守李冰父子在公元前三世纪建成的大型水利工程，引水灌溉成都平原，使四川成为天府之国，真正做到了"功在当代，利在千秋"，两千多年过去，都江堰至今仍发挥着巨大效益。都江堰这样惊人的技术成就，背后支撑的理论是什么呢？人们当然无法想象李冰父子掌握了静力学、重力学、流体力学、结构力学，或许人们更容易也更有把握的猜想是，李冰父子熟悉阴阳五行周易八卦……

本书通过论述九项中国传统文化中特别重要的技术成就，或者说九项发明，强调中国传统文化中也具有非常强大的创新基因。

我们必须越出以往"科学技术"的固有视野，将眼光投向更为广阔的领域，也不能再满足于多年来的老生常谈。所以原先广为人知的"四大发明"只有两项入选，而九项中有些项是以往被忽略或未得到应有重视的。选择这九项发明的基本原则是：

1. 有足够的独特性；

2. 有足够的知识含量；

3. 在中国传统文化中有重要作用；

4. 对今天有启发意义。

九项技术成就，大体按照时间先后排列，是为了形成大致的时间线索，既表明数千年来中国的技术和发明源源不断，也有利于作为辅助读物在学习历史时参照阅读。

2019 年 6 月 18 日

于上海交通大学科学史与科学文化研究院

越王勾践剑之谜

天下第一剑

越王勾践剑，国家一级文物，1965年出土于湖北江陵望山一号楚墓。整剑通高55.7厘米，剑身近格处有"越王勾践自作用剑"八字铭文。与越王有关的古剑，迄今所知传世至少有九柄，但以越王勾践剑名声最大，号称"天下第一剑"。

越王勾践剑现为湖北省博物馆镇馆之宝。记得十多年前，我曾在该博物馆享受了一次罕见的"专家待遇"——被允许戴着白手套，亲手把玩这柄"天下第一剑"实物！虽然经历了约2500年的漫长岁月，宝剑竟完好无损，毫无锈斑，堪称奇迹。更惊人的是，博物馆工作人员告诉我，此剑至今仍极锋利，女孩子的长发轻轻一碰就断。

至于明明是"越王勾践自作用剑"，为什么会在一座楚国墓葬中出土呢？对此有"嫁妆说"和"战利品说"两种解释，都能在一定程度上言之成理。"嫁妆说"谓：勾践曾将女儿嫁给楚昭王为姬，此剑可能是她的嫁妆。"战利品说"谓：公元前306年楚国大败越军，越王无疆战死，此剑可能成为楚军战利品，所以出现在楚墓中。不过这两种说法都属猜测，现在都无法确证。

2500年前，当时人们对于越国宝剑的珍视是异乎寻常的。《庄子·刻意》中说："夫有干越之剑者，柙而藏之，不敢用也，宝之至也。"所谓"不敢用"，应该是指"舍不得用"。以越王勾践剑为例，这种级别的宝剑，以常情常理推论，在绝大部分情况下，不会用于战场厮杀。记得当年我把玩越王勾践剑时，就注意到两侧剑刃完好无损，没有任何细小的缺口；而作为对比，我当时把玩的另一件著名馆藏东周兵器，刃口上就有明显的、分布不规则的小缺口，应该是实战中兵器相互交击时造成的。

其实这些都不算什么。在冶金史专家眼中，越王勾践剑身上还有更多的谜。

铸造之谜：现代科学技术无法复制

先说小的。越王勾践剑剑柄的底端（这被称为"剑首"）为圆形，有11圈细薄均匀的同心圆突起，其间底部则是凸起的细绳纹。按照冶金史专家的权威意见，这样的纹饰即使是"现代车削技术亦无法制成"。如果推测为铸造而成，则"即使在当代也必须通过加压、真空、负压等特殊浇铸手段方可成形"。可是我们难道能够想象，2500年前的越国工匠就已经掌握了这些现代工业技术中的特殊手段吗？

更大的谜，当然就是越王勾践剑剑身上的菱形纹饰。这种纹饰在东周时代的青铜兵器上经常出现，越王勾践剑只是它们的代表而已。这种菱形纹饰既有装饰作用，又有防腐蚀功能。但是对于这种菱形纹饰的成分、结构、形成工艺等，长期没有定论。

国内曾经有不止一个科研团队，试图使用古代工艺复制越王勾践剑剑身的菱形纹饰，但是都没有获得成功。哪怕放弃"使用古代工艺"这个约束，用上各种现代工艺技术，也做不出和越王勾践剑剑身菱形纹饰一模一样的效果。这就形成了一个大谜：难道2500年前的越国工匠，掌握着某种当代科学家和工程师都尚未掌握的铸剑工艺？

从历史和文化的角度来考虑，这种可能性确实存在。

在我们现代人看来，铸剑也就是个工艺活，所有的问题都是技术问题。但在古代，铸剑却是一件非常神秘的事情；而越国的宝剑更是充满传奇。《越绝书·越绝外传记宝剑第十三》里面就有一组关于铸剑的神秘故事，例如越王向"能相剑者"薛烛展示自己拥有的"纯钧"剑时，薛烛叙述的此剑诞生时的故事：

> 当造此剑之时，赤堇之山破而出锡，若耶之溪涸而出铜，雨师扫洒，雷公击橐，蛟龙捧炉，天帝装炭，太一下观，天精下之。欧冶乃因天之精神，悉其伎巧，造为大刑三、小刑二：一曰湛卢，二曰纯钧，三曰胜邪，四曰鱼肠，五曰巨阙。

如果用现代的"科学眼光"来看待上面的故事，当然会视之为无稽之谈。但这类故事至少能够说明，在古人心目中，宝剑的铸造，可以是一件惊天动地的大事，可以有一个神秘惊险的过程。类似这样的记载古籍中还能找到不少。在这些神秘传说的背后，有没有可能存在着某些我们现代科学技术还无法解释的工艺或技术呢？

这样的猜测，至少可以从越王勾践剑得到有力的支持——这柄神秘的宝剑，用人们所能想到的各种现代工艺技术，迄今为止仍无法复制出来。

对菱形纹饰制作工艺的推测

　　既然是如此珍贵的宝剑，跨越 2500 年的时空来到了今天，又带着满身的谜案，当然会引起历史学家和冶金史专家们的极大兴趣。但是，对于这样的国家一级文物，有损检测是绝不允许的，而无损检测能够获得的信息又是远远不够的。所以，要解开越王勾践剑的铸造工艺之谜，学者们只能依据有限的信息进行猜测。

　　1987 年马肇曾和韩汝玢发表的研究，是在对越王勾践剑进行无损检测获得的信息基础上得出的推测性结论："此剑剑身上的黑色花纹应是在制作时特意加工的。加工方法可能是：将铸好并具有内凹菱形花纹的剑全部进行硫化处理，然后将剑刃、剑身抛光，使其显露青铜本色，而保留其内凹菱形花纹所着黑色，剑格、剑柄未经抛光，亦为黑色。"不过这个推测很快被更具说服力的研究结果所取代。

由于认识到只对菱形纹饰做无损检测是远远不够的，谭德睿教授领导的研究团队找到了从侧面突破无损检测局限的办法——他们获准对上海博物馆所藏东周时期青铜菱形纹饰剑的一节残段（馆藏编号3175，残长4.7厘米，宽3.3厘米）进行有损检测，由此打开了全新的局面。谭德睿团队的研究成果发表于2000年。

在谭德睿团队的研究报告中，将剑身称为"基体"，再将剑表面区分为"纹饰区"和"非纹饰区"。他们的检测和化验表明：纹饰区和基体是一次共同铸成的。那段残剑基体成分的重量百分比是：铜79.46％，锡19.02％，铅0.76％，当然还有不到百分之一的其他金属成分。这样的比例在当时的青铜剑中属于常见情形，因此有理由认为越王勾践剑的基体成分也是类似的。

不过先前认为越王勾践剑铸造时剑体上就有"内凹菱形花纹"的推测被否定了。因为谭德睿团队研究的结果，认为"非纹饰区"是某种奇妙的表面合金化技术形成的效果。

用现代冶金铸造技术的眼光来看，一共有六种工艺有资格成为越王勾践剑表面非纹饰区合金化技术的候选者：铸造成型法、表面激冷法、表层合金化、擦渗工艺、热浸渗工艺、金属膏剂涂层工艺。谭德睿团队对这六种工艺都进行了实验，最终确定只有"金属膏剂涂层工艺"能够产生和东周青铜剑表面纹饰同样的效果。

该工艺的概要是：将比剑身基体含锡量更高的合金粉末制成膏剂，均匀涂在剑身基体上，然后细心刻划出纹饰（将纹饰区的膏剂刮除），再入炉加热一段时间后取出，磨去表面氧化层，即可获得菱形纹饰——纹饰区呈与基体同样的黄色，而非纹饰区则呈白亮之色。但此时整个剑身纹饰的颜色，还不是我们在越王勾践剑上所看到的。此后进行的腐蚀实验表明：越王勾践剑原来的纹饰应该是黄白相间的颜色，但因埋藏于含有腐殖酸水溶液的土壤中，在腐殖酸的作用下，剑身表面才变成我们今天在越王勾践剑上看到的色泽。

不过，这个推测的工艺方案中，仍有许多环节是不确定的。到现在为止，并没有人能够复制出一柄和 2500 年前一模一样的越王勾践剑来。

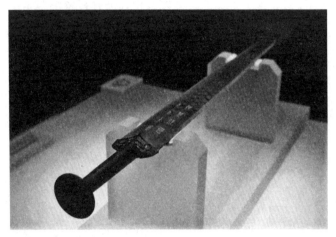

湖北省博物馆镇馆之宝——越王勾践剑。虽然经历了约 2500 年的漫长岁月，宝剑依然完好无损，毫无锈斑。此剑至今仍极锋利，女孩子的长发轻轻一碰就断。

发明里的中国

越王勾践剑剑柄底端，11圈细薄均匀的同心圆突起，以现代技术复原工艺都极其复杂。

越王勾践剑，整剑通高55.7厘米，剑身近格处有"越王勾践自作用剑"八字铭文。剑身上的菱形纹饰既有装饰作用，又有防腐蚀功能。但是对于这种菱形纹饰的成分、结构、形成工艺等，长期没有定论。国内曾经有不止一个科研团队，试图使用古代工艺复制越王勾践剑剑身的菱形纹饰，但是都没有获得成功。即使运用各种现代工艺技术，也做不出和越王勾践剑剑身菱形纹饰一模一样的效果。

贰

如何理解和看待中医

从《黄帝内经》看中医究竟是什么？

《黄帝内经》一向被视为现存中医文献中的第一号经典，被认为是中医最基础的理论体系，它的地位几如百川之源，至高无上。

《黄帝内经》是上古至秦汉之际中华医学经验和成就的总结汇编，是一部集大成之作。它的出现，标志着中华医学理论体系基本框架的形成。此后中华医学就在它的基础上发展，历代医家在理论和实践方面的创新建树，绝大多数与《黄帝内经》有着密切的渊源。

现存《黄帝内经》的文本，包括《素问》和《灵枢》两部分，各分为9卷，两个部分各81篇。在形式上非常规整。学术界通常认为，此书现今的文本非一人一时一地之作，其中的主要部分大致形成于战国至汉代。

道家对《黄帝内经》的形成可能有过很大影响。本书现今文本中所言理论颇合老、庄学说。托名"黄帝"这一点也反映了类似的信息。

《素问》部分的主要内容，是以阴阳五行理论讨论人体的生理和病理；而《灵枢》部分多论述经脉腧穴证治。

《黄帝内经》认为，人体本身是一整体，同时这个整体又与自然环境密切相关。它将阴阳的对立平衡视为天地间万物生长演变发展的普遍规律，阴阳平衡则人体处于正常情况，疾病则是这种平衡被破坏的结果。

在上述基本观念的基础上，《黄帝内经》构建了"四时五脏阴阳"理论体系。这一体系又分为两个层次：

发明里的中国

其一为人体的五脏体系，有如下对应：

肝脏系统：肝→胆→筋→目→爪

心脏系统：心→小肠→血脉→舌→面

脾脏系统：脾→胃→肉→口→唇

肺脏系统：肺→大肠→皮→鼻→毛

肾脏系统：肾→膀胱→骨髓→耳→发

这五个系统之间又是相互沟通和相互影响的，这些沟通和影响则可以用五行学说中的相生相克来说明。

其二为外界气候与人体五脏相互影响的系统，有如下对应：

五时：春→夏→长夏→秋→冬

五气：风→暑→湿→燥→寒

五位：东→南→中→西→北

五气又各有阴、阳属性，气候变化，阴、阳二气升降消长，其说颇繁。将人体状况与四时及气候变化联系起来，是和中国古代源远流长的"天人感应"观念相一致的。

《黄帝内经》理论系统的主要内容（或特征），可概括为九大类，略述如次：

其一曰阴阳五行，上述那些对应就是这种学说的具体应用。阴阳五行学说对于《黄帝内经》来说，既是理论基础，又是表达系统。

其二曰藏象，论述人体各个脏器组织的运行、代谢等活动规律，以及这些活动与外界环境之间的相互关系。

其三曰经络，研究人体经络系统之组成、功能、病理变化及与腑脏之关系。

其四曰病因，《黄帝内经》认为，外在气候反常，内在情志刺激，皆致病之源。气候反常谓之"六淫"，情志刺激谓之"七情"。这些因素同样要分阴阳，如风雨寒暑邪从外入，属阳；起居失节病由内生，属阴。抗病之力（类似今天所言之免疫功能）谓之"正气"，致病之因谓

　　　　　　　　发明里的中国

之"邪气"，等等。故疾病表现虽千变万化，其因不外正邪消长，阴阳平衡等数端而已。

其五曰病证，讨论各种疾病的病机及治疗，病证多达一百八十余种。

其六曰诊法，即后世中医之"望、闻、问、切"。

其七曰论治，讨论各种治疗手段，针药而外，旁及按摩、导引，甚至涉及精神疗法。还包括了同病异治等与现代科学格格不入的概念。

其八曰养生，论祛病防病益寿延年之法，善饮食，慎起居，适寒温，和喜怒，注重精神情志之调节。

其九曰运气，以五行、六气、三阴三阳等为理论基础，演绎推测气候变化规律与疾病流行情况。

中医是科学吗？

中华传统医学虽然几千年来一直卓有成效地呵护着

中华民族的健康，但是从鸦片战争之后，西医挟欧风美雨之狂暴，君临华夏大地，将中医打得节节败退。国民党统治时期，"取消中医论"一度甚嚣尘上。新中国建立以来，中国政府一直对中医采取保护和扶持态度，这一态度迄今为止并无改变。所以"中医是伪科学"的指责，让广大中医界人士痛心疾首。

中医面对这一指责，往往只是非常软弱无力地辩称"我也是科学"。其实我们有充分的理由指出：如果中医不是科学，那西医也不是；如果西医是科学，那中医就也是。

在西方现在的学科分类体系中，经常是科学、数学、医学三者并列，医学并不属于"科学"的范畴。因为在这种分类中，"科学"是指天文学、物理学等等"精密科学"，而人类对人体奥秘所知仍非常之少，故医学远远没有达到"精密科学"的地步。事实上，至迟到 17 世纪，西医仍然停留在与星占学、炼金术紧紧纠缠在一起的巫术阶段，那时西医中"天人感应"的信念与《黄帝内经》相比如出一辙。

但是在中国，似乎人人——包括中医界的人士——都承认西医是科学，这是由于当初西医就是在强大的唯科学主义语境下输入中国的，所以这个在西方至今也没有被视为科学的西医，到了中国却天经地义地成了科学。

那么如果使用宽泛一点的"科学"定义呢？在那样的定义中，就可以将西医包括进去。但是，如果使用了宽泛的"科学"定义，那应该宽到何处呢？只要适度加宽"科学"的定义（比如"对自然界的有系统的知识"），马上就能将中医也包括进去，又怎么能再说"中医不是科学"呢？

其次，在这个问题上，许多人至今仍然习惯于一种一元价值观，即"是科学则存，非科学则亡"。与此相对应的是两个极其简单幼稚的观念：一、不是科学就是伪科学；二、对伪科学就要斩尽杀绝。所以当听到某院士宣称"中医是伪科学"时，许多中医界人士始则如丧考妣，继而义愤填膺。其实，这两个观念都是明显违背常识的，常识告诉我们：一、不是科学的东西未必就是伪科学；二、对伪科学也没有必要斩尽杀绝。只是这两个常识长期被唯科学主义的话语所遮蔽。在这两个常识的基础上，本来就不应存在"是科学则存，非科学则亡"这样险恶的局面，中医本来也不必非要宣称"我也是科学"。

其实，说中医不是科学，或说中医是科学，或说中医是技术，或说中医是哲学，中医都可以无所谓。今天，中医完全应该理直气壮地说：我是不是科学，我无所谓，我就是我，我就是中医。

人类身体故事的不同版本

在现代科学的话语体系中，我们的身体或许已经被绝大多数人承认为一种"客观存在"了。这种观念主要是由现代西方医学灌输给我们的。你看，"现代医学"有解剖学、生理学，对人体的骨骼、肌肉、血管、神经……等等，无不解释得清清楚楚，甚至毛发的构成、精液的成分，也都已经化验得清清楚楚。虽然医学在西方并未被视为"科学"的一部分（科学、数学、医学三者经常是并列的），但西方"现代医学"在大举进入中国时，一开始就是在"科学"的旗帜下进行的，西医被营造成现代科学的一部分，并且经常利用这一点来诋毁它的竞争对手——中国传统医学。这种宣传策略总体来说是非常成功的，特别是在公众层面，尽管严肃的学术研究经常提示我们应该考虑其他图景。

关于人类身体，我们今天的大部分公众，其实都是偏听偏信的——我们已经被西医唯科学主义的言说洗脑了，以至于许多人想当然地认为，关于人类的身体、健康和医疗的故事只有一个版本，就是"现代医学"讲述的版本。他们从未想过，这个故事其实可以有很多种版本，比如还可以有中医的版本、藏医的版本、印第安人的版本，等等。

更重要的是，所有这些不同版本，还很难简单判断谁对谁错。这主要有两个原因：

一是人类迄今为止对自己的身体实际上了解得远远不够。西医已有的人体知识，用在一具尸体上那是头头是道没有什么问题的，问题是"生命是一个奇迹"（这是西方人喜欢说的一句话）——活人身上到底在发生着哪些事情，我们还知之甚少。而西医在营造自己的"科学"形象时，经常有意无意地掩盖这一点。

二是一个今天经常被公众忽略的事实——以往数千年来，中华民族的健康是依靠中医来呵护的。当西医大举进入中国时，在中医呵护下的中华民族已经有了四亿人口。仅仅这一个历史事实，就可以证明中医也是卓有成效的。由此，中医关于人类身体故事的版本，自然就有其自立于世界民族之林的资格。

身体的故事是一个罗生门

2002 年，在由我担任地方组织委员会主席的"第 10

届国际东亚科学史会议"上，日本学者栗山茂久是我们邀请的几位特邀大会报告人之一，当时他的报告颇受好评。这是一位相当西化的日本学者，他用英文写了《身体的语言——古希腊医学和中医之比较》一书。同时他又是富有文学情怀的人，所以这样一本比较古希腊医学和古代中国医学的学术著作，居然被他写得颇有点旖旎风骚光景。

在《身体的语言》正文一开头，栗山茂久花了一大段篇幅，复述了日本作家芥川龙之介一篇著名小说的故事。芥川这篇小说，因为被改编成了黑泽明导演的著名影片《罗生门》而声名远扬。大盗奸武士之妻、夺武士之命一案，扑朔迷离，四个人物的陈述个个不同。"罗生门"从此成为一个世界性的文学典故，用来表达"人人说法不同，真相不得而知"的状况。在一部比较古希腊医学和中医的著作开头，先复述"罗生门"的故事，就已经不是隐喻而是明喻了。

栗山茂久对于中医用把脉来诊断病情的技术，花费了不少笔墨，甚至还引用了一大段《红楼梦》中的有关描写。这种技术的精确程度，曾经给西方人留下了深刻印象。更重要的是，这种技术在西方人看来是难以理解的。栗山茂久也说："这种技术从一开始就是一个谜。"之所以如此，他认为原因在于中国人和西方人看待身体的方法和描述身体的语言，都是大不相同的。

作为对上述原因的形象说明，栗山茂久引用了中国和欧洲的两幅人体图：一幅出自中国人滑寿在公元1341年的著作《十四经发挥》，一幅出自维萨里（Vesalius）公元1543年的著作《人体的构造》七卷本（Fabrica）。他注意到，这两幅人体图最大的差别是，中国的图有经脉而无肌肉，欧洲的图有肌肉而无经脉。而且他发现，这两幅人体图所显示出来的差别最晚在公元二、三世纪就已经形成了。

确实，如果我们站在所谓"现代科学"的立场上来看中医的诊脉，它真的是难以理解的。虽然西医也承认脉搏的有无对应于生命的有无这一事实，但依靠诊脉就能够获得疾病的详细信息，这在西医对人体的理解和描述体系中都是不可能的、无法解释的。

我们从这些例子中看到，双方关于身体的陈述，是如此的难以调和。再回想栗山茂久在书中一开头复述的《罗生门》故事，其中的寓意就渐渐浮出水面了。栗山茂久的用意并不是试图"调和"双方——通常只有急功近利的思维才会热衷于"调和"，比如所谓的"中西医结合"就是这种思维的表现。栗山茂久只是利用古希腊和古代中国的材料来表明，关于人类身体的故事就是一个"罗生门"。

怀孕是另一个罗生门

很长时间以来，我们已经习惯了在唯科学主义话语体系中培育起来的关于身体故事只有"现代医学"唯一版本的观念，而正是这种版本的唯一性，使我们相信我

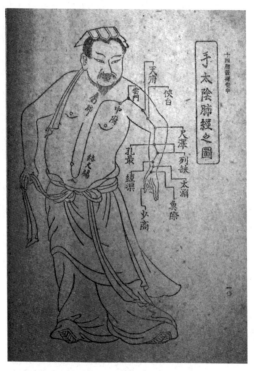

滑寿著《十四经发挥》中所载人体图，图片引自上海
科学技术出版社1958年版

发明里的中国

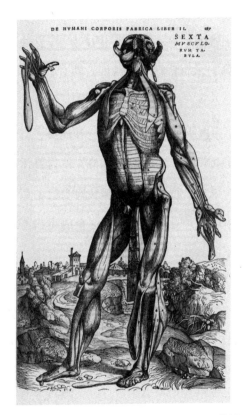

安德烈·维萨里著《人体的构造》一书中所载人体图。

们的身体是"客观存在"。如果说栗山茂久《身体的语言》可以帮助我们解构关于身体认识的版本唯一性，那么克莱尔·汉森的著作《怀孕文化史——怀孕、医学和文化（1750～2000）》可以给我们提供另一个更为详细的个案。

怀孕作为人类身体所发生的一种现象，当然也和身体的故事密切相关。怀孕这件事情，作为身体故事的一部分，每个民族，每种文化，都会有自己的版本；而且即使在同一民族，同一文化中，这个故事在不同时期的版本也会不同。

而近一个世纪以来，中国公众受到的教育，总体上来说是这样的图景：先将中国传统文化中关于怀孕分娩的故事版本作为"迷信"或"糟粕"抛弃，然后接受"现代医学"在这个问题上所提供的版本，作为我们的"客观认识"。

应该承认，这个图景，到现在为止，基本上还不能说不是成功的。不过在中国传统文化中，怀孕分娩的故事也自有其版本，那个版本虽与"现代医学"的版本大相径庭，但在"现代医学"进入中国时中国已有四亿人口这一事实，表明那个版本在实践层面上也不能说是失败的。推而论之，世界上其他民族，其他文化，只要没有人口灭绝而且这种灭绝被证明是因为对怀孕分娩认识错误造成的，那么他们关于怀孕分娩故事的版本，就都不能说是失败的。

一个具体而且特别鲜明的例子，就是中国的产妇自古以来就有"坐月子"的习俗，而西方没有这样的习俗。不久前还有极端的科学主义人士宣称"坐月子"是一种"陋俗"，在应革除之列。因为按照"现代医学"关于人类身体的统一版本，中国女性和西方女性在生育、分娩、产后恢复等方面没有任何不同。

让我稍感奇怪的是，"现代医学"在进入中国之后，对中国传统医学中的几乎一切内容都以"科学"的名义进行了否定或贬抑，惟独在"坐月子"这个习俗上，今天中国的西医也没有表示任何反对意见。如果将这个现象解释为西医"入乡随俗",那么它同时却不可避免地损害了西医的"科学"形象——因为这等于同一个人,讲同一件事,但面对西方人和面对中国人却讲两个不同的版本,这样做就破坏了关于身体故事的版本唯一性,从而也就消解了"现代医学"话语中关于人类身体的客观性。

源远流长:马王堆汉墓帛简书中的性学文献

我平时不大喜欢谈的事情之一,是中国古代的"世界第一",因为以前谈这事情的人士,常常忍不住穿凿附会,拔高古人,让人颇不以为然。但是中国古代还有些真正的世界第一,用不着穿凿附会拔高古人的,那些人士却又不大愿意谈了——马王堆汉墓帛简书中的性学文献就是一个这样的例子。

在西方,说起性学经典,最古老者也就是两种:一是古罗马诗人奥维德（P. Ovidius）的诗集《爱的艺术》（*Ars Amatoria*），包括《恋情集》、《爱的艺术》和《情伤良方》三部。奥维德生于公元前43年，是他那个时代的浪子班头。28岁那年推出诗集《恋情集》，详述他与情人之间种种情事，这些诗被认为"散发出一股炽热的肉欲享受和感官刺激"。年过不惑他又写了《爱的艺术》，此时奥维德意气风发，裘马轻肥，尽情享受着奢华而放荡的生活。《爱的艺术》以青年男女的情爱导师自居，此书也成为奥维德极负盛名的作品。二是印度的《爱经》（*Kama Sutra*），也称《欲经》或《伽摩经》、《迦玛经》等。作者筏磋衍那（Vatsyayana），今人对他的生平几乎一无所知，只知道他生活于公元1世纪至6世纪之间。《爱经》英译本初版于1883年，当时的书名是《译自梵文的筏磋衍那爱经》。

相比之下，1973出土于长沙马王堆汉墓的五种性学帛简书，年代比奥维德的《爱的艺术》和筏磋衍那的《爱经》都要早。《养生方》、《杂疗方》、《十问》、《合阴阳》和《天下至道谈》这五种性学文献的写定年代下限，可以确定为公元前168年（汉文帝十二年），这可以由墓中发现的纪年木牍所表明的入葬年份推定。至于年代上限，可以上推至西汉初年，或秦汉之际，但这只是这些文献写定的年代——文献中的理论已经相当成熟，它们当然可能来自更早的年代。

中国房中术源远流长，仅据现已掌握的史料言之，自先秦直至今日，两千余年间一脉相传。从马王堆汉墓帛简书中的五种早期文献，经过六朝隋唐时期的《养性延命录》、《素女经》、《玉房秘诀》、《洞玄子》之类的经典著作，到明代《既济真经》、《修真演义》、《素女妙论》等晚期作品，其最基本的原则、技巧和诉求始终不变。故房中术可以说是中国文化中最重要、最稳定的传统成分之一。

（叁）独步世界的阴阳合历

农历是中国古代特有的历法，同时它又经常被称为"夏历"或"阴历"，严格地说，这些名称都不准确；现代中国又采取了农历和公历（格里历）并用的政策，这两方面的因素导致公众在这个问题上往往容易产生误解和混淆。

世界上的三大立法体系

简单来说，我们今天所说的"农历"、"夏历"、"阴历",所指的都是同一种历法体系——中国传统的"阴阳合历"。在这一体系中,两千年来产生过留下了数据记载的历法共91部。这些历法虽然在基本参数(比如回归年长度、朔望月长度)、置闰法则(比如无中气之月置闰)、历元选择(比如是追求理想上元还是采用近距历元)等等方面各有不同,但都属于"阴阳合历"的体系。

世界上的历法有三大体系:

其一为"太阳历",即只考虑太阳的周年视运动(实际上就是地球绕日的公转),不考虑月相(不必满足月初是新月、十五为满月)的历法。欧洲长期行用的儒略历,近代全世界通用的格里历,以及伊斯兰历法中的波斯历,都是太阳历。

其二为"太阴历",即主要考虑月相周期的历法。现今伊斯兰教国家和地区采用的"回历"就是太阴历——纯粹以朔望月为基本单位,奇数月30日,偶数月29日,12个月为一年。为保证月初和新年都在蛾眉月出现的那天,采用置闰之法来调节。回历一年比公历一年约少11

日，因而其岁首在公历历日中逐年提早，约 33 年而循环一周。回历历元设定为穆罕默德从麦加迁到麦地那的一天，即儒略历中的公元 622 年 7 月 16 日。

其三为"阴阳合历"，即太阳历和太阴历的结合。也就是中国传统历法所采用的方案，既要让一年的长度尽可能接近回归年长度（即满足太阳历的标准），又要考虑月相周期（即满足月初是新月、十五为满月）。这也要通过合理设置闰月的方法来达成。这样的历法比上述第一第二类历法都更为复杂，因为它给自己规定了更为繁重的任务。

中国历法中的二十四节气

中国古代历法中的阳历成分，集中表现在二十四节气上，这是根据太阳在黄道上的周年视运动（实际上就是地球的绕日公转）而来的。所以农历每个节气在公历日期中的位置是相对固定的，至多只前后移动一两天。比如每年的春分总是在公历的 3 月 23 日左右，每年的夏至总是在公历的 6 月 22 日左右，等等。

二十四节气也是中国传统历法中唯一与农业生产有关的部分。

完整的二十四节气名称，迄今所知，最早见于西汉初年的《淮南子·天文训》，其中部份名称则已见于先秦典籍。但何时出现某些节气名称，并不足以证明此时对太阳运动已能很好掌握。

另一方面，初民们直接观察物候，显然要容易得多。在传世的历法中，逢列有二十四节气表时，常将"七十二候"与之对应，附于每节气之下，比如《大衍历》中就是如此。这也暗示了二十四节气的来源与先民观察物候大有关系。

二十四节气体系成立之后，固然有指导农时的作用，但对节气推求之精益求精，则又与农业无关了。古人开始时将一年的时间作二十四等分，每一份即为一个节气，称为"平气"，后知如此处理并不能准确反映太阳周年运动——此种运动有不均匀性，乃改将天球黄道作二十四等分，太阳每行过一份之弧，即为一节气，因太阳运行并非匀速，故每一节气的时间也就有参差，不再如"平气"时之为常数了，此谓之"定气"。但指导农时对节气的精度要求并不高，精确到一天之内已经完全够用。事实上，即使只依靠观察物候，也已可以大体解决对农时的指导，故"定气"对指导农时来说意义已经不大，至于将节气推求到几分几秒的精度，那对农业来说更是毫无意义。

自隋代刘焯提出"定气"，此后一千年间的历法皆用"定气"推求太阳运动，却仍用"平气"排历谱，这一事实又一次有力说明精密推求节气与农业无关。节气对农时的指导作用，当然必须通过历谱来实现，历学家在"定气"之法出现之后仍不用以注历，说明日常生活（包括农人种地）中无此必要。

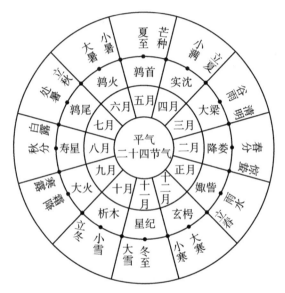

将一年时间作二十四等分，每一份即为一个节气，称为"平气"。

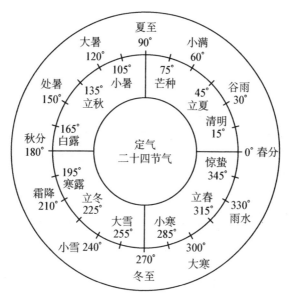

夏至
90°

大暑   小满
120°   60°

105° 75°
小暑 芒种

处暑   谷雨
150°   45°   30°
      135°
      立秋   立夏

            清明
      165°   15°
秋分   白露
180°   定气   0° 春分
         二十四节气
      195°   惊蛰
      寒露   345°

霜降   立冬   立春
210°   225°   315°

            大雪 小寒   330°
小雪 240° 255° 285°   雨水

      270°   300°
      冬至   大寒

"平气"不能准确反映太阳周年运动——此种运动有不均匀性，乃改将天球黄道作二十四等分，太阳每行过一份之弧，即为一节气，因太阳运行并非匀速，故每一节气的时间也就有参差，不再如"平气"时之为常数了，此谓之"定气"。

历法在古代中国的文化功能

在现代的流行论述中，古代中国的历法经常被说成几乎是纯粹科学活动的产物，但它在古人看来却具有完全不同的性质和功能，稍举古代有代表性之论述为例：

《后汉书》卷三十艺文志数术略历谱类跋中说："历谱者，序四时之位，正分至之节，会日月五星之辰，以考寒暑杀生之实。故圣王必正历数，以定三统服色之制，又以深知五星日月之会，凶阨之患，吉隆之喜，其术皆出焉，此圣人知命之术也。"《后汉书》卷十三律历志下则说："夫历有圣人之德六焉：以本气者尚其体，以综数者尚其文，以考类者尚其象，以作事者尚其时，以占往者尚其源，以知来者尚其流。大业载之，吉凶生焉，是以君子将有兴焉，咨焉而以从事，受命而莫之违也。"

这些论述的意见都认为历法是预知"凶阨之患，吉隆之喜"的"圣人知命之术"，而且还能上格天心，邀神降福，以致"该浃生灵，堪舆天地"。"堪舆"一词，早见于《淮南子·天文训》："堪舆徐行"，《汉书》艺文志数术略五行类有《堪舆金匮》十四卷，颜师古注引许慎云："堪，天道；舆，地道也"，可知"该浃生灵，堪舆天地"即前引董仲舒"取天、地与人之中以为贯而参通之"之意。故古人心目中的历法，与"圣王所以参政也"一样，仍是通天通神的手段。

由此可知，对于古代历法的性质及功能，古今学者之见大相径庭。孰是孰非，并非"厚古薄今"、"古为今用"之类的价值判断所能轻易解决。同时，对于古今论述之权重，也应有清醒认识。上引古人历论，其作者本身大多为当时著名学者，又是精通历学之人，如果说他们对当时自己熟悉的事物之性质都毫无认识，而千百年后置身于完全不同之文化氛围中的现代人倒反而能轻易把握这些事物的性质，无论如何总非持平之论。

历谱·历书·历法

人们常说"天文历法"，但历法究竟是用来干什么的？也许你马上会想到日历（月份牌）——历法历法，不就是编日历的方法吗？这当然不算错，但编日历其实只是历法中极小的一部分功能。

当我们谈论"历法"时，其实涉及三种东西：

历谱，也就是今天的日历（月份牌），至迟在秦汉时期的竹简中已经可以看到实物。

历书，即有历注的历谱，就是在具体日子上注出宜忌（比如"宜出行"、"诸事不宜"之类）。这种东西在先秦也已经出现，逐渐演变到后世的"皇历"，也就是清代的"时宪书"。作为"封建迷信"的典型，传统的历书在20世纪曾长期成为被打击的对象，一度在中国大陆绝迹，近年则又重新出版流行。只是其中的历注较以前简略了不少。

历法，现今通常是指在历朝官修史书的《律历志》中保存下来的文献。其中包括94种中国古代曾经出现过的历法，时间跨度接近三千年。

许多人希望中国古代的东西多一些"科学"色彩，所以他们喜欢将中国历法称为"数理天文学"，这确实是一种科学工具，但这工具是为什么对象服务的？

中国历法的典型结构

欲知一部典型的中国古代历法究竟是何光景，可以唐代著名历法《大衍历》（公元727年修成）为例，其中包括如下七章：

"步中朔"章6节，主要为推求月相的晦朔弦望等内容。

"步发敛"章5节，推求二十四节气与物候、卦象的对应，包括"六十卦"、"五行用事"之类的神秘主义内容。

"步日躔"章9节，讨论太阳在黄道上的视运动，其精密程度，远远超出编制历谱的需要，主要是为推算预报日食、月食提供基础。

"步月离"章21节，专门研究月球运动。因月球运动远较太阳运动复杂，故篇幅远远大于上一章，其目的则同样是为预报日食、月食提供基础——只有将日、月两天体的运动都研究透彻，才可能实施对日食、月食的推算预报。

"步轨漏"章14节，专门研究与授时有关的各种问题。

"步交会"章24节，在前面"步日躔"、"步月离"两章的基础上，给出推算预报日食、月食的具体方案。

"步五星"章24节，用数学方法分别描述金、木、水、火、土五大行星的运动。

很容易看出，这样一部历法，主要内容，是对日、月及金、木、水、火、土五大行星这七个天体（古代中国称为"七政")运动规律的研究；主要功能，则是提供推算上述七个天体任意时刻在天球上的位置的方法及公式。至于编制历谱，那只能算是其中一个很小、也很简单的功能。

历法为农业服务吗？

那么古人为什么要推算七政在任意时刻的位置呢？

以前有一个非常流行的说法，说中国古代的历法是"为农业服务"的——指导农民种地，告诉他们何时播种、何时收割等等。许多学者觉得这样的说法能够给我们古代历法增添"科学"的光环，很乐意在各种著述中采用此说。

但是许多事情其实只要稍一认真就能发现问题。姑以上面的《大衍历》为例，我们只消做一点最简单的思考和统计，就能发现"历法为农业服务"这个说法是多么荒谬。

且不说农业的历史远远早于历法的历史，在没有历法的时代，农民早就在种植庄稼了，那时他们靠什么来"指导"？我们就看看历法中研究的七个天体，六个都和农业无关：五大行星和月亮，至少至今人类尚未发现它们与农业有任何关系；只剩下太阳，确实与农业有关。但对于指导农业而言，根本用不着将太阳运动推算到"步日躔"章中那样精确到小时和分钟——事实上，只要用"步发敛"章的内容，给出精确到日的历谱，在上面注出二十四节气，就足以指导农业了。

那好，我们就来统计《大衍历》：整部历法共 103 节，"步发敛"章只有 5 节，也就是说，整部历法中只有不到 5％ 的内容与指导农业有关。由于《大衍历》是典型的中国古代历法，其他的历法基本上也都是这样的结构，因此也就是说，"历法为农业服务"这个说法，只有不到 5％ 的正确性。

那么数理天文学剩下的 95％ 以上的内容，是为什么服务的呢？——为星占学服务。

因为在古代，只有星占学需要事先知道被占天体运行的规律，特别是某些特殊天象出现的时刻和位置。比如，日食被认为是上天对帝王的警告，所以必须事先精确预报，以便在日食发生时举行盛大的仪式（禳祈），向上天谢罪；又如，火星在恒星背景中的位置经常有凶险的星占学意义，星占学家必须事先推算火星的运行位置。

古波斯的《卡布斯教诲录》中说："学习天文的目的是预卜凶吉，研究历法也出于同一目的。"这个论断，对于古代诸东方文明来说，都完全正确。

天文年历之前世今生

通常认为1679年法国出版的《关于时间和天体运动的知识》是最早的天文年历。其实类似的出版物早已有之，就是星占年历——其中包括一年中重要的天文事件，如日月交食、行星冲合；当然也包括历日以及重大的宗教节日，以及对来年气候、世道等等的预测。星占年历中还包括许多各行各业的常用知识汇编，比如给水手用的年历中有航海须知，而给治安推事用的年历中有法律套语等。

公元 1600 年之前，在欧洲这类读物至少已经出现了 600 种，此后更是迅猛增长。例如，17 世纪英国著名的星占学家 W. Lilly 编的星占年历，从 1648 年起每年可以售出近三万册。而在此之前，天文学家开普勒早就在编算公元 1595 年的星占年历了。他因为在年历中预言这年"好战的土耳其人将侵入奥地利"、"这年的冬天将特别寒冷"都"应验"而名声鹊起，此后不断有出版商来请他编年历，这对于他清贫的生活来说倒也不无小补。

要说起天文年历在中国的身世，那真可谓家世悠久，血统高贵。据《周礼》记载，周代有天子向诸侯"颁告朔"之礼，所谓"颁告朔"，就是告诉诸侯"朔"在哪一天，用今天的眼光来看，这可以视为天文年历的滥觞——因为朔仍是今天的天文年历中的内容之一。而与包括日月及各大行星及基本恒星方位数据、日月交食、行星动态、日月出没、晨昏蒙影、常用天文数据资料等等内容的现代天文年历相比，清代钦天监编算的《七政躔度经纬历》也算得上天文年历的雏形。

诸侯接受"颁告朔"，就意味着遵用周天子所颁布的历法，也就是奉周天子的"正朔"，这是承认周天子宗主权的一种象征性行为。这种传统在中国至少持续了三千年之久。在政权分裂或异族入侵的时代，奉谁家的"正朔"是政治上的大是大非问题；而当中国强盛时，向周边国家"颁赐"历法，又成为确认、宣示中国宗主权的重要行为。

但是天文年历在中国的现代化却又命途多舛，在中国当时特殊的社会环境中，此事总和政治纠缠在一起。

1911年辛亥革命，中华民国成立，临时大总统孙中山发布的第一条政令，就是《改用阳历令》。改用当时世界已经通用的公历（格里历），当然是符合科学的；然而立国的第一条政令就是改历法，这本身就是中国几千年政治观念的不自觉的延续——新朝建立，改历法，定正朔，象征着日月重光，乾坤再造。让历法承载政治重任的传统旧观念，在新时代将以科学的名义继续发生着影响。

中华民国成立的"中央观象台"，曾出版过1915年和1917年的《观象岁书》，接着在军阀战乱中，此事无疾而终，停顿了十几年。直到1930年才由中央研究院天文研究所开始比较正式的天文年历编算工作。没想到此时却爆发了长达两年的高层争论，而争论的焦点，竟是在今天看来几乎属于鸡毛蒜皮的细节——要不要在新的天文年历中注出日干支和朔、望、上下弦等月相！

在今天难以想象的是，那时的国民党中央党部居然直接过问编算天文年历的工作，许多会议都有中央党部的代表参加。而那些天文学家虽然大都是从西方学成归来，受的都是现代科学训练，可是他们在年历问题上却比官员们更为"政治挂帅"！例如，在新编算的天文年历中，每页的下面都印着"总理遗嘱"，天文学家们说这是为了"以期穷陬僻壤，尽沐党化"。后来又改为在年历中刊印"训政时期七项运动纲要"、"国民政府组织大纲"、"省县政府组织法"等材料，几乎将天文年历编成了一本政治学习手册。

在要不要注出日干支和月相的问题上，"党部"的意见是"朔望弦为废历遗留之名词，若继续沿用，则一般囿守旧习之愚民，势依此推算废历，同时作宣传反对历行国历之口实"，所以要求在年历中废除。但是一部分天文学家认为，月相是各国年历中都刊载的内容，应该注出，他们反驳说："想中央历行国历，原为实现总理崇尚大同之至意，自不应使中国历书在世界上独为无朔望可查之畸形历书。"而教育部官员原先主张在年历中废除日干支，不料"本部长官颇不以为然"，认为干支纪日"与考据有益，与迷信无关，多备一格，有利无弊"。各种意见争论不休，最终似乎是天文学家的意见稍占上风。

当时清朝的"皇历"早已废弃，但是由于民国政府未能按年编印新历，民间仍有延用旧时历法或根据旧法自行编算者，这些旧历都被天文学家们称为"废历"，认为应坚决扫除。但是天文研究所的天文年历编算工作，时断时续，从 1930 年至 1941 年只编了七年，此后又告中断，直到 1948 年才又恢复。1948 年的年历已经相当完备，却没有费用付印，后来靠空军总部、海军总部和交通部分担费用，才得以印刷。1949 年的年历已经编好，竟要依靠七个中央衙门分担费用才得付印，但是印到一半，蒋家王朝覆灭，印刷厂倒闭，这年的年历最终也未能出版。

从 1950 年起，中国的天文年历才最终走上正轨，由紫金山天文台每年编算出版。从 1969 年起正式出版《中国天文年历》及其测绘专用版，此外还有《航海天文年历》和《航空天文年历》。1977 年起又由紫金山天文台与北京天文馆合作编印《天文普及年历》，专供普及天文知识及指导业余爱好者观测之用。至此中国天文年历上基本完成了与国际接轨。

关于儒略历和格里历

许多对历史感兴趣的人士，对于在表达历史事件的日期时，如何在儒略历和格里历这两部历法中取舍，以及天文学界和历史学界在与此有关的问题上的通行约定和规则，常有不甚了了之处，甚至有着很流行的误解。

许多人看到对公元前某个历史事件发生日期的陈述，比如武王伐纣的牧野之战发生于公元前1044年1月9日，或孔子诞生于公元前552年10月9日，就会发出疑问：这些日期是儒略历的还是格里历的？当他们得知这些都是儒略历的日期时，往往会接着产生更大的疑问：既然格里历比儒略历精确，为什么还要用儒略历？有的人甚至一看到天文学家使用儒略历表达公元前日期，就以为发现了天文学家的大错误，立刻信口雌黄起来，认为那些天文学家都是些欺世盗名之徒——连儒略历和格里历该用哪个都搞不清楚。

其实这是因为他们不知道，"推算历史事件的日期"和"表达历史事件的日期"，是两件不同的事情；此外他们对某些学术界的某些共同约定也缺乏了解。

事实上，天文学家在推算一个历史事件发生的日期时，既不使用儒略历也不使用格里历，而是使用"儒略日"——没有年、月单位，只有日的计时体系（要是钻牛角尖，可以说这仍是对时间坐标的一种表达）。例如，武王伐纣的牧野之战发生于"儒略日"1340111日，孔子诞生于"儒略日"1520087日，笔者写这篇文章的这天（2009年8月17日）是"儒略日"2455061日，等等。而"儒略日"与公历之间的对应关系是明确的："儒略日"起算点为公元前4713年1月1日（儒略历）。

当天文学家推算出一个历史事件的日期之后，当然需要将它"表达"出来；而为了便于公众理解和接受，如果表达成"孔子诞生于儒略日1520087日"显然是不合适的，所以要用我们熟悉的公历来表达。

公历在公元1582年处形成了一个分界——这一年罗

马教皇格里高利十三世颁布了格里历，并在一些天主教国家开始使用。这个分界带来了一些容易让人误解的问题。而针对这些问题我们需要一些约定。

一，对于公元1582年以后的日期，都用格里历表达，这毫无问题。

二，对于从公元前46年（儒略历开始使用）到公元1582年，这一千六百多年中的日期，当然使用儒略历来表达，因为那时格里历还不存在。

三，对于公元前46年之前的日期，我们应该用什么历法来表达呢？不少人因为误以为对于历史事件的日期就是用"历法"推算的，而格里历又比儒略历精确，就想当然地认为应该用格里历来表达。但是仔细一想，事情并非那么简单。

首先，在公元前46年之前，既没有儒略历也没有格里历。当然，在那时的世界各文明中，已经存在着多种多样的历法，比如埃及的历法、罗马的历法、中国的历法，等等。但是我们今天要将一个历史事件的日期给出一个全世界都能够理解的表达，当然不能仅仅使用当地的历法。所以公元前46年之前的日期用哪种历法来表达，必须有所约定。

国际历史学界和天文学界的约定，是将公元前46年之前的日期统一用儒略历来表达。这一约定也许是不成文的，但确实是合理的。因为公元前46年之后开始使用儒略历，那么将这一历法向公元前46年之前的年代延伸，是很自然的；如果使用格里历来向公元前46年之前的年代延伸，就要跳过一千六百多年，这显然不合常理。

事实上，用哪种历日来表达一个历史事件的日期，与儒略历和格里历哪个更精确没有任何关系。

公历在公元1582年处的分界，还带来另外一个问题：由于全世界各国并非都在公元1582年就开始使用格里历，许多国家几十年甚至几百年后才接受格里历（比如中国直到1912年才开始使用），所以在1582年至20世纪初（那时世界各国才普遍使用格里历）这三百多年间，许多历史事件就会有两个日期——比如牛顿的生日就有 1642 年 12 月 25 日（儒略历）和 1643 年 1 月 4 日（格里历）两种表达，"十月革命"则有 1917 年 10 月 25 日（儒略历）和 1917 年 11 月 7 日（格里历）两个日期。

这两个日期应该采用哪个，也不是轻易就能有一言九鼎的结论的。通常人们都使用儒略历的那个，那是因为英国直到 1752 年、俄国直到 1919 年才使用格里历，在牛顿出生、"十月革命"爆发时，事件发生的国家都还在使用儒略历。

肆

孙子定理：一次同余式理论

关于中国人对于世界科学史的贡献，经常被提起的不外四大发明之类，其实还有一些不那么著名的贡献，也确实是由中国人作出，并且得到西方学术界承认的。例如"中国剩余定理"——这是西方数学史著作中对一次同余式定理的称呼。因为这个问题最先出现于中国南北朝时期的数学著作《孙子算经》中，所以又被称为"孙子定理"。

孙子定理·中国剩余定理

所谓"一次同余式"问题，最早可见《孙子算经》卷下第 26 题：

今有物不知其数，三三数之剩二，五五数之剩三，七七数之剩二，问数几何？

用现代数学语言表示，就是求解一次同余式组：

$$N \equiv R_1(\mathrm{mod}3) \equiv R2(\mathrm{mod}5) \equiv R3(mod7)$$

其解可表示为：

$$N = 70\,R1 + 21\,R2 + 15\,R3 - 105P$$

这里 P 为整数，在上述问题中，$R1 = R3 = 2$，$R2 = 3$，取 $P = 2$，得到答案：$N = 23$。

虽然从表面看这道题目并不难解，甚至仅靠凑数字

《孙子算经》是中国古代重要的数学著作，成书大约在四、五世纪，作者生平和编写年代不详。传本的《孙子算经》共三卷。

也能求出其解，但这是因为在数字很小且只有三组的情况下才如此，它背后的学问还是很大的。

在欧洲，大约在公元 10 世纪时开始出现讨论一次同余式问题的萌芽，而世界科学史上一连串辉煌的名字都曾和这个问题联系在一起：例如阿尔哈桑（Ibn al Haithan）、斐波那契（Fibonacci）、欧拉（L. Euler）、拉格朗日（J. Lagrange）、高斯（Gauss）……。高斯在 1801 年出版的《算术探究》中明确给出了上述定理。当时欧洲人对古代中国的数学成就还几乎一无所知，高斯是独立得出这一成果的。

后来来华的传教士伟烈亚力（Alexander Wylie）将《孙子算经》卷下第 26 题介绍到了欧洲，1874 年 L. Methiesen 发表文章，指出《孙子算经》中的解法与高斯定理相合，于是西方人将其定名为"中国剩余定理"。

应该指出，《孙子算经》中的一次同余式组解法虽然和高斯给出的定理是一致的，但毕竟还未用高斯给出的那种普遍形式来表达，两者还有一定区别。然而继《孙子算经》之后，中国古代数学家继续探讨一次同余式组的解法，又经过一千多年的努力，终于获得成熟的成果。其中关键的问题可归纳为三个：

如何从模板两两互素问题转化为模两两互素问题。

如何将同余式组化为独立的同余式。

如何求解同余式 $ax \equiv 1 \pmod{b}$。

前述《孙子算经》中的"物不知其数"问题，本来就有某种猜谜的趣味，解法也堪称巧妙，流传后世，竟演变为一种文娱活动的节目，有"秦王暗点兵""剪管术""鬼谷算""韩信点兵"等名目。例如在明朝程大位的数学著作《算法统宗》中，上述题解被写成一首在数学史上流传颇广的歌诀：

三人同行七十稀，五树梅花廿一枝，七子团圆正月半，除百零五便得知。

一次同余式组 $N \equiv R_1 \pmod{3} \equiv R_2 \pmod{5} \equiv$

$R3(\bmod 7)$ 的解：$N = 70\,R1 + 21\,R2 + 15\,R3 - 105P$，都已经隐藏在这首歌诀中。

求解一次同余式的意义

古代中国人注重实用，这个一次同余式问题也不是只拿来做数字游戏的。说大一点，它和中国古代的政治大有关系。

中国古代将天文历法看作极其神圣的事物，在早期这曾经是王权确立的必要条件之一，后来则长期成为王权的象征。而在中国历法史上，曾有很长时期一直在追求一个理想的时间起算点——这个起算点要从制定某部历法的当年向前逆推，被称为"上元积年"。在这个起算时刻，日、月、五大行星都恰好位于它们各自周期的起点，同时这个时刻又恰好是节气中的冬至，而这个时刻所在的这一天的纪日干支又要恰好是"甲子"，如此等等。

要满足这么多的条件，实际上就是要求解一个多达 9 项的一次同余式组，在没有计算机的时代，求解的计算工作量将达到骇人的地步。

如果我们只考虑太阳和月球的运动，求取一个相当"务实"、因而也就大大简化了的上元积年，情形是这样的：

设 a 为回归年日数；R_1 为本年冬至距甲子日零时的时间；b 为朔望月日数；R_2 为冬至距十一月平朔的时间，则上元积年 N 满足下列一次同余式组：

$$aN \equiv R_1(\bmod 60) \equiv R_2(\bmod b)$$

9 项的一次同余式组，其繁复可想而知。数学史家相信，在《孙子算经》中上述趣题出现之前，中国历法中已经使用一次同余式组来求解上元积年了。而南朝祖冲之《大明历》中的上元积年，就被认为是解算 9 项一次同余式组而获得的。唐代一行《大衍历》中的上元积年年数竟达 96，961，740 年，也被认为是求解一次同余式组而获得的。但是祖冲之和一行等人究竟是如何解算的，却一直没有人能够知道。

在这个问题上最重要的理论贡献，就是由秦九韶（公元 1202～1261）做出的。他在《数书九章》中给出了"大衍求一术"——即一次同余式问题的系统解法（用他的方法确实可以求出《大衍历》中的上元积年，尽管这还不足以证明一行就是用的这种方法）。这被认为是中国古代数学中的一项伟大成就，在世界数学史上也可以占据一席之地。

天才与恶棍

对于一次同余式理论问题，历史上西方数学家也做过大量研究，但最重要的贡献是由南宋数学家秦九韶作出的。现今的数学史著作几乎都会提到秦九韶和他的数学著作《数书九章》。在今四川安岳（这里被认为是秦的故乡）还有秦九韶纪念馆，甚至还命名了一所"秦九韶中学"。但对于秦九韶究竟是何等样人，除了"伟大的数学家"之外，对他别的事通常就讳莫如深了。但这当然不是评价历史人物时实事求是的态度。用现代的眼光看，秦九韶可能是中国历史上罕见的奇人之一。

关于秦九韶究竟是何等样人，其实宋人文献中留下了相当丰富的记载，主要可见于周密写的《癸辛杂识续集》卷下，和著名词人刘克庄文集中的"缴秦九韶知临江军奏状"。

秦九韶 18 岁就统帅私人武装，为人"豪宕不羁"，如果将他和意大利文艺复兴时期凯撒·波吉亚之类的风云人物相比，竟有几分相似：他多才多艺，懂得星占、数学、音乐、建筑，还擅长诗文，会骑术、剑术、踢球等等。同时又利欲熏心，骄奢淫逸，热衷于做官，一心往上爬。秦九韶做过几任地方官，最后死在梅州任上。他最高做到大约相当于今天局级的官职。

秦九韶行为乖戾，出人意表，被他的同时代人认为是"不孝、不义、不仁、不廉"，平日横行乡里，恶霸一方，所以多次被褫去官职或取消任命。例如，在他担任地方长官的父亲宴客时，他带着妓女出席。又如，他竟能将他上司的田产"以术攫取之"，在其中建造他的超豪华庄园（他亲自设计那些奇特的房屋）。再如，他命令手下杀死自己的儿子，而且亲自设计了毒死、用剑自裁、溺死三种方案；当得知这名手下偷偷放了他儿子时，他竟巨额悬赏，满世界追杀儿子和这名手下。有一年夏天，秦九韶和一个他所宠爱的姬妾月夜在庭院中交欢，不意被一个汲水的仆役撞见，他认为那仆役有意窥探他的隐私，就诬告该仆役偷盗，将其送官，要求判仆役黥面流放。地方官认为该仆役罪不至此，没有按照秦九韶的要求判决，秦九韶为此怀恨地方官，竟企图将地方官毒死。当时的记载说秦九韶"多蓄毒药，如所不喜者，必遭其毒手"。

　　这就是被刘克庄称为"暴如虎狼，毒如蛇蝎，非复

秦九韶（1208 年－1268 年），字道古，鲁郡（今河南范县）人。南宋著名数学家。秦九韶撰写的《数书九章》是一部划时代的巨著，内容丰富，精湛绝伦。特别是大衍求一术（不定方程的中国独特解法）及高次代数方程的数值解法，在世界数学史上占有崇高的地位。

人类"的秦九韶。毫无疑问，他是一个疯狂的恶棍，但与此同时，他确实也是一个天才的数学家。我们甚至可以推想，如果他有时间或精力写下音乐或建筑方面的著作，也可能又有某项历史性的贡献。可惜他的绝大部分时间和精力，看来都耗费在放纵物欲上了。

（伍）

火药及其西传：究竟是谁将骑士阶层炸得粉碎？

两个基本概念

火药被列为中国著名的"四大发明"之一。但关于此事的争议也非常之多。

这里首先要明确一些基本概念，这样我们才不至于迷失在无穷无尽的争议之中。

第一个基本概念，是黑火药和黄火药的区别。

关于火药是否为中国最先发明的争议中，争议的对象都是指黑火药，即由硝石、硫磺和炭按一定比例混合而成的混合物。而近代欧洲军事和工业中广泛使用的，都是黄火药（黄色炸药），它是一种化合物，起源于1771年合成的苦味酸——最初是作为黄色染料使用，1885年法国用它装填炮弹之后，开始在军事上广泛应用。因为这是一种黄色结晶体，黄色炸药的名称便由此而来。此后快速发展改进，品种繁多。我们现在通常所说的"炸药"，指的都是黄火药（黄色炸药）系统。而这个黄火药系统与黑火药之间没有任何承传关系。

第二个基本概念，是火药和燃烧物的区别。

燃烧物在燃烧时，一个必要条件是消耗氧，所以阻断新鲜空气的进入可以中止燃烧（使之无法补充氧）。而火药（炸药）在燃烧（爆炸）时，无需外界提供氧，此时发生的过程是一种"自供氧燃烧"。在黑火药的成份中，硝石就是扮演着氧化剂的角色。因此在讨论黑火药的发明或传播过程中，硝石是非常关键的因素。

中国黑火药：从丹房到军用

黑火药在晚唐时（公元9世纪末）已经出现，对它的研究始于中国古代炼丹术。

炼丹家对于硫磺、砒霜等具有猛毒的金石之药，在使用前常用烧灼之办法以"伏"其毒性（使毒性消解或降低），或以此来改变药物被加热后易挥发、易爆燃的状况，此种工艺称为"伏火"。从流传下来的"伏火"方子看，通常都有硝石、硫磺和炭素，学者们相信，黑火药就是无意中通过这些"伏火"方子而诞生的。

黑火药对于丹房（炼丹术实验室）来说是有害无益之物，因为它会导致失火甚至爆炸。但是军事家却很快发现它有大用途。

唐昭宗天佑元年（公元904年），杨行密的军队围攻豫章，部将郑璠"以所部发机飞火，烧龙沙门"。这段记载有时被作为火药首次用于军事用途的证据。其实这不能算很可靠的证据，因为"飞火"也可能只是某种燃烧物，而投掷燃烧物并不等于使用火药。

真正重要的证据出现在宋代。北宋天圣元年（公元1023年），朝廷在开封设置"火药作"（火药制作工场），这是"火药"之名首次出现于中国史籍。庆历四年（公元1044年），天章阁待制曾公亮、工部侍郎丁度等编纂《武经总要》，堪称中国第一部古典军事百科全书，该书前集卷十二《守城·火药法》中，完整记录了三种黑火药配方，以不同辅料，达到易燃、易爆、放毒和制造烟幕等不同目的。兹举其第一个"火球火药方"为例：

晋州硫黄十四两，窝黄七两，焰硝二斤半，麻茹一两，干漆一两，砒黄一两，定粉一两，竹茹一两，黄丹一两，黄腊半两，清油一分，桐油半两，松脂十四两，浓油一分。

上述配方中硝、硫、炭的比例依次是 50.6%、

26.6％、22.8％，另外也使用了一些辅助的药料以增强效果。

《武经总要》中三个黑火药配方的刊载，标志着黑火药的发明研制阶段已经基本结束，它已经正式进入北宋国家军队装备系列，而且已经开始标准化了。

黑火药发明权的一些争夺者

"希腊火"（Greek fire），据记载在公元前5世纪已经用于战争中，公元11～13世纪十字军东征，战争中阿拉伯军队和十字军双方都曾用"希腊火"进行火攻作战。但"希腊火"只是一种燃烧剂，其配方中没有硝石的成份，这意味着它不能满足"自供氧燃烧"，因而不可能是火药。

"海之火"（sea fire），公元7世纪才出现，是一种用于海战的、以虹吸管喷射的燃烧剂或烟火剂，相传只有希腊人知道其奥秘。拜占庭帝国在君士坦丁堡保卫战中，多次用"海之火"焚毁敌人战船，故视之为天赐神物，对其配方严格保密。至18世纪，"海之火"的配方被考证出来，其中有硫磺，但是也没有硝石成份，所以也不可能是火药。

印度人发明了火药吗？有些西方记载说印度人在抵抗亚历山大大帝东征时曾使用火器，但这些记载实为以讹传讹，不足采信。事实上印度军队直到公元13世纪仍未装备火器。最早在印度境内出现的"火箭"是蒙古军队遗留下来的。

培根发明了火药吗？在一些西方著作中，13世纪的著名学者罗杰尔·培根（Roger Bacon，1214～1294）居然也荣膺了黑火药的发明权。依据是他留下了一个以隐语写成的黑火药配方。这是一句用隐语写成的句子，被考证者实施了重新排列、增补字母等等"手术"之后，变成了"硝石7份，炭5份，硫磺5份"的所谓火药配方。许多学者认为这样的考证只是文字游戏而已。况且即使培根发明了黑火药，那也在《武经总要》的黑火药配方之后200年了。

总的来看，将黑火药的发明权归于中国人，是证据最充足的。

黑火药向西方的传播

早在公元8～9世纪，伴随着医药和炼丹术知识，硝也由中国传到阿拉伯，当时被称为"中国雪"，而波斯人称之为"中国盐"。那时他们还只知道将硝石用在治病、金属冶炼和制作玻璃制品的工艺中。

公元13世纪上半叶，蒙古军队西征，在与阿拉伯及欧洲军队的作战中，使用了中国制造的火球、火药箭等火器。1260年元军在与叙利亚作战中被击溃，阿拉伯人缴获了火箭、毒火罐、火炮、震天雷等火药武器，由此掌握了火药武器的制造和使用。13～14世纪之交，阿拉伯人制成了作战用的木质管形射击火器，称为"马达法"。

还有一种可能，认为关于火药的知识是 13 世纪由商人经印度传入阿拉伯世界的。而希腊人通过翻译阿拉伯人的书籍才知道火药。

火药武器传到阿拉伯世界之后，在阿拉伯人与欧洲国家的长期战争中，阿拉伯人使用了火药兵器，这终于使得欧洲人逐步掌握了制造火药和火药兵器的技术。

恩格斯（Friedrich Von Engels，1820～1895）对军事史有一定的研究，他曾高度评价中国在黑火药发明中的首创作用："现在已经毫无疑义地证实了，火药是从中国经过印度传给阿拉伯人，又由阿拉伯人和火药武器一道经过西班牙传入欧洲。"这个说法基本是符合历史事实的。

终究还是黑火药"将骑士阶层炸得粉碎"

有些论者对于在中国的"四大发明"中列入火药一

项十分不满，试图从多方面否定中国发明黑火药的历史地位和作用。其论证之法，主要有三点：一、强调黑火药和黄火药的区别；二、指出如今军事上和工业上所用的都是黄火药；三、指出黄火药体系与黑火药没有任何关系，与中国也没有任何关系。

上述三点，固然都能成立，但是仍不足以否定中国人发明黑火药的历史功绩和地位。

从诚实的角度来说，我们当然不应该将中国人发明的黑火药和今天通用的黄火药故意混为一谈，更不应该有意无意地让人得出"中国人发明了今天的炸药"这样的误解。但是，情绪化地否定中国人发明黑火药的历史功绩和地位，同样站不住脚。

只要稍有历史意识，就应该注意到黄火药发明和进入军事应用的时间——它起源于1771年发明的苦味酸，最初是被作为黄色染料使用的，直到1885年才进入军事用途。黄火药（黄色炸药）的广泛使用是在19世纪后期。

那么我们再来重温当年马克思关于"火药把骑士阶层炸得粉碎"的论断，难道欧洲的骑士阶层直到19世纪后期还没有被"炸得粉碎"吗？如果他们在此之前已经被火药"炸得粉碎"了，那么请问他们是被什么火药炸碎的呢？

　　当然，他们还是被中国人发明的黑火药炸碎的。

　　所以，如果我们认为火药"把骑士阶层炸得粉碎"而改变了历史，那么这一笔历史功绩，还是要记在发明了黑火药的中国人帐上，而不能记在发明了黄火药的欧洲人账上。

陆

唐宋时代的金融技术：

汇兑、纸币、伪钞

古代中国有过许多技术性的创新，创造了许多世界第一，以往的宣传过分强调"四大发明"之类的项目，至少在客观效果上遮蔽了人们投向更为广阔的历史画卷的目光。例如，在和科学技术史有关的论述中，通常不会提及中国人发明了世界上最早的纸币，尽管仅从印版、纸张、防伪等细节来看，这一发明也极富技术含量。

从唐代飞钱到宋代交子

大唐盛世的黄金岁月终止于安史之乱（天宝十四年，公元 755 年），尽管辉煌不再，但此后帝国仍顽强延续了一个半世纪，也有过一段号称"中兴"的时期。在唐宪宗时代，帝国已经形成了依赖江淮财赋供养长安朝廷的局面，长安城活跃的商业活动催生了金融创新。

《新唐书·食货志四》记载：

> 宪宗时，商贾至京师，委钱诸道进奏院及诸军诸使富家，以轻装趋四方，合券乃取之，号"飞钱"。

唐代的"飞钱"有官营和私营两种情形。

官营飞钱：各地方政府在长安设"进奏院"（实际上就是今天的驻京办事处），各地商人到京师做买卖，可以将钱交"进奏院","进奏院"开具两联的收据（称为"文牒"或"公据"），一联交商人，另一联寄回本道。商人携收据轻装上路，不必身携现金巨款，至本道交验收据（"合券"），即可兑取现金货币。

私营飞钱：机制和功能与官营飞钱完全相似，只是不由官方驻京办事处发放，而是大商人在京师总店和各地分店之间发放使用。

据现有资料，使用飞钱的主要是从事茶、酒等官榷业务的商人，一般商人较少使用。

飞钱只是一种汇兑票据，并无流通功能，所以还不是真正意义上的纸币。真正意义上的纸币出现在北宋时期，即经济史或货币史上著名的"交子"。

交子最初是商人私自发行的"收据"性质的凭证，和唐代的私营飞钱有着直接的血缘关系。北宋景德年间，益州知州张咏整顿了交子业务，专由16家富商经营，得到政府的认可。真宗大中祥符末年，四川转运使薛田，已经奏请由官方来垄断交子的发行和管理。至宋仁宗天圣元年（公元 1023 年），朝廷设立"益州交子务"，成为官方的交子发行管理机构。这年发行的首期"官交子"成为世界上最早的纸币。

宋代纸币的一些技术细节

最初阶段的交子，纸上并无"交子"字样，两面有印记和密码花押，红黑两色印刷。此时交子的另一个突出特点，是它上面的金额采取临时填写。这也明显提示了它和唐代飞钱的血缘关系，因为飞钱作为一种汇兑票据，金额当然要根据商人交给"进奏院"的钱款数额来临时填写。

公元 1023 年发行的官交子，作为纸币，规定以 770 文为 1 贯，最初有 1～10 贯的币值，后来改为 5 贯、10 贯两种，并规定交子总量中的80％为 10 贯面值，20％为 5 贯面值。

交子最初行用于四川地区，后演变为"钱引"，行用地区也大幅扩大。"钱引"印刷更为精美，已经被认为具有艺术史上的价值。

交子每三年发行一界（期），以旧换新，旧的作废。以旧换新时每贯（面值）需缴纳"纸墨费"（类似现今的工本费）30 文。

北宋的交子主要行用于四川地区，南宋领土大为缩小，但纸币的行用地区却明显扩大了。此时朝廷的"交子务"就设在临安，纸币已经发展为"会子"。绍兴三十年（公元 1160 年）开始由官方发行会子，最初行用于两浙，后扩大到两淮、湖广、京西各路，成为法定纸币。有 1 贯、200 文、300 文、500 文四种面值，与现代纸币更为相似。

公元 1023 年的首界（期）"官交子"发行 1256340 贯，以铁铸钱币 360000 贯为"钞本"，用今天的概念来描述，"钞本"就是准备金，$360000/1256340 = 0.2865$，就是准备金率为 28.65%；这样的准备金率，据现今世界各国的情况来看，属于非常高的。

令人惊奇的是，在将近一千年前的公元 1023 年，中国的财政官员竟然已经有了和现代完全相同的"银行准备金"观念，并且能够在发行纸币时付诸实施。

作为一个让人印象深刻的对比，这里不妨看看英国的情形：在牛顿出任英国皇家造币厂督办的 1696 年，英国这个老牌资本主义国家还根本没有纸币呢！

美国的情形更为原始落后。在美国建国之前，欧洲人在北美建立了 13 个殖民地，每个殖民地都搞一套自己的货币系统，既不遵用宗主国英国的货币制度，相互之间也无法按照币值实现兑换。更惊人的是，看看他们在用什么货币吧：在 1637~1661 年间，马萨诸塞的法定货币是印第安人的"原始货币"——贝壳串珠！按照《货币史》（*A History of Money：From AD 800*）作者的看法，直到美国建国之后的一段时间里，"这个新兴国家仍然没有真正属于自己的货币"。

朱熹记载的伪钞制造案

当 17 世纪北美殖民地还在用贝壳串珠当货币、大英帝国还在老实巴交用真金白银造货币的时候，东方帝国的财政官员却早已在 600 多年前就领悟到了下面的道理：

> 如果国王的权威能够让含银量为 8 便士的硬币交换 10 便士的白银，那为什么就不可以将硬币的含银量降到 6 便士或 2 便士，甚至一点白银也不要，干脆用一张纸来代替呢？（《货币史》第 22 章）

换句话说，一张得到帝国公权力背书的、得到国家信用担保的纸，就可以等同于真金白银。这正是今天世界各国发行纸币的真实情形。

既然一张得到帝国公权力背书的纸可以等同真金白银，伪造这张纸的犯罪动机，就会不可避免地在不法之徒心中萌动起来。这点道理，东方帝国那些洞明世事的财政官员当然在发行纸币的当时就想到了。

朝廷"益州交子务"发行的官交子，已经用铜版印刷，三色套印。从传世的交子图案来看，相当精美。同时还设立了很可能是相应的特殊纸张制作机构"抄纸院"，这当然有助于防止伪造交子。

日人奥平昌洪《东亚钱志》中，描绘了一块可能是宋代会子的印版，黄铜制作，宽3寸，长5.3寸，上方印有10个钱币图案，图案下面有"除四川外，许以诸路州县公私从便主管并同见钱七百七十陌流转行使"字样，下半部分印有粮仓及运粮人图案，及"千斯仓"字样。奥平昌洪相信这是一块用来印制会子的印版。这和现代的纸币印版已经高度相似了。

在哲学、经学、儒学等领域中，朱熹通常被视为最重要的历史人物之一。然而在他的文集中，居然也能发现足以让货币史专家欣喜莫名的、非常八卦的记载。

朱熹文集中，载有六封弹劾官员台州太守唐仲友的奏折，这些是奏折的年份是南宋孝宗淳熙十年，公元1183年。唐仲友其人在史籍记载中颇有分歧，但这不是我们在这里需要关注的，这里需要关注的是，这些奏折中描述了当时一起伪造会子的案件，细节极为丰富。有两封奏折中还包括了主犯之一口供的详细笔录。案件梗概如下：

一个叫蒋辉（蒋念七）的伪造惯犯，数年前因伪造会子获罪，刺配台州，结果在台州贪腐官员唐仲友的威逼下，以有罪之身再次参与伪造会子。他们用梨木雕版，还伪刻政府印鉴，印刷时用红、蓝、黑三色。那时印制会子已经采用特殊纸张，犯罪集团居然也有办法搞到。前后印制了伪造会子"二千六百余道"。当然最后蒋辉再次落入法网。

疑为宋代会子印版的拓片

　　　　　　　　　　　　　　　　发明里的中国

元代中统元宝一贯交钞（忽必烈时期）。"中统元宝交钞"是中国现存的最早由官方正式印刷发行的纸币实物（宋代纸币至今无实物）。刻版印制时间为元代中统元年（公元 1260 年）的忽必烈时代。这种纸币已与现代的钞票别无二致。"中统元宝交钞"为树皮纸印造，钞纸长 16．4 厘米，宽 9．4 厘米，正面上下方及背面上方均盖有红色官印。"中统元宝交钞"于元中统元年（1260 年）发行，一直行用至元末。

柒

钓鱼城：英雄史诗中的技术

多年前，我就在报纸上写过文章，感叹中国那么多大制片人、大导演，那么多年来，怎么就始终没人想到拍摄伟大的战争史诗大片《钓鱼城之战》？因为那是一场持续数十年、令人热血沸腾、真正惊天地泣鬼神的战役！当年它即使没有改变历史，至少也是延迟了历史。事实上，它曾经震惊了几乎整个欧亚大陆。

但是说来惭愧，我从来没有去过钓鱼城。

直到2007年6月，我应邀到西南大学参加博士生答辩，工作完毕后有半天空闲时间，东道主之一张诗亚教授问我想去哪里看看，我不假思索就说想去钓鱼城。在开车陪我去钓鱼城的路上，张教授对我开玩笑说，此行"将挽救你的诚信"——因为我曾在几年前的文章中说自己"已经记不清有多少次，梦魂直到故垒西边，凭吊苍凉的古战场"，我先前对钓鱼城之战的历史知识，完全来自书本，而实际上从未到过此地。我则辩解说，我文章中只是说自己"梦魂"到此，不算说谎啊。

上帝的鞭子折断了！

公元1242年，南宋王朝已经风雨飘摇，在蒙古铁骑的兵锋扫荡下，连战皆北，城池接连陷落，半壁江山已经支离破碎。在此危难之秋，余玠受命以兵部侍郎出任四川安抚制置使兼知重庆府，负责四川地区的抗战事宜。此时成都已经陷落。

余玠筑"招贤馆"礼贤下士。时有冉琎、冉璞兄弟，有文韬武略而隐居不仕，官府召征皆不就，但听说余玠的贤名，遂前来进谒。余玠待之如上宾，冉氏兄弟安然享受，数月无一言。余玠下令再提高冉氏兄弟的待遇，并派人窥探二人平日做些什么，回报说二冉经常在地上画山川形势，相互讨论，离开时则抹去画痕。

又过了些日子，二冉密谒余玠说：明公对我兄弟礼遇非常，常思有所报答，这些日子一直在筹划，以为四川抗战的要点，在迁徙合州州城。钓鱼山正当要道，可在此山上筑城，作为合州的州治。余玠大喜，力排众议，任命二冉官职，主持筑城事宜。此次共筑山城十余处，作为各州郡的治所，其中最重要者即为钓鱼城。

此后直到公元1279年，三十六年间，对于蒙古大军来说，钓鱼城就是他们的眼中钉，肉中刺，是他们战无不胜神话的终结者，更是他们的噩梦之城，伤心之地！三十六年间，在蒙古铁骑无数次的疯狂进攻面前，小小钓鱼城，就好像狂风巨浪中的中流砥柱，"婴城固守，百战弥坚"，硬是坚守不降，屹立不倒！不知有多少蒙古武士被击毙在钓鱼城下。

钓鱼城英雄史诗的高潮，当然是在公元 1259 年。

从这年春天开始，蒙古大军在大汗蒙哥统帅下，横扫四川，周围郡县相继陷落或投降，只有孤独的钓鱼城，沧海横流中尽显英雄本色，依然坚守不下。守将兴元都统制兼合州知州王坚，将蒙古招降使斩于校场，全城军民万众一心，誓死守城。从春至秋，蒙古大军狂攻数月，一度占领外城，但被王坚反击夺回。六月，蒙军总帅汪德臣被城中火炮击毙。七月，蒙哥大汗本人被城中火炮击伤（一说被箭矢所伤），回营伤重不治而死。

蒙哥也可算是一代天骄，指挥铁骑长驱万里，势如破竹，不知攻陷了多少名城重镇，但就是死活攻不下小小钓鱼城，最后自己陨命于这座英雄城下。大汗之死，导致蒙古大军全线北撤，非但南宋小朝廷又得以多苟延残喘若干年，在蒙古铁蹄蹂躏下呻吟的中亚各族，亦额手称庆，留下一句名言："上帝的鞭子折断了！"

护城河与一字城

小小钓鱼城，为何可以创造出如此的战争奇迹，除了城中军民万众一心忠勇爱国的精神因素，技术上的因素也是极端重要的。钓鱼城之所以竟能坚守数十年不被攻克，想来必有其"可持续坚守"之道。

钓鱼山位于嘉陵江转弯形成的河套中，此处又是嘉陵江与渠江、涪江三江汇合之处，钓鱼城因山势以筑城，周回十余里，总面积有三百八十多万平方米。作为一个军事要塞来说，应该算相当大的了。今日钓鱼城中，林木萧森，给人的感觉像进了森林公园，只有看到宋代留下的城墙时，才意识到是在一座城中。所以城中可以种植庄稼，而且还有天然水源（类似山泉，至今仍在），相传当年守城军民曾给蒙古军队送去了鱼——表示城中资源富足，无论你们围攻多久都不怕。

但是，要坚守三十六年，仅有粮食和水当然是不够的。兵员、器械、军用物资等等，都需要补充。在蒙古大军的围困中，钓鱼城如何获得补充呢？

当我亲身站在这座山城中时，才体会到当年冉氏兄弟修筑钓鱼城的远见和智慧。

钓鱼城除了依险峻山势建筑的城墙，在城北和城南还各有一个水军码头。码头当然在城墙外面，然而奇妙的是，在两个码头处，各有一道城墙从山上一直延伸到江中——当年几乎到达江心，现在为了让航道畅通已经拆除大部，只保留了靠近江边的部分。这两道被称为"一字城"的城墙，不仅保护了南北水军码头，而且封断了整个嘉陵江河套地区。换句话说，它们使得嘉陵江成为钓鱼城北、西、南三面的天然护城河。而且宋军可以依托一字城作战，直接控制嘉陵江水上通道。

现在推测起来，在钓鱼城三十六年的攻防战中，除了山城的地利、军民忠勇爱国的人和之外，宋军至少还有两个方面是占有技术优势的——水军和火器。

就水军而言，一字城和水军码头表明，钓鱼城当时

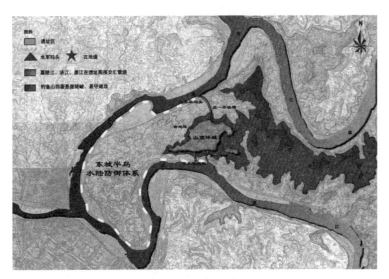

钓鱼城防御体系示例图

拥有一支轻型内河舰队。它至少可以在这三十六年中间的很多时间里保持着嘉陵江水上通道的畅通，使钓鱼城得到战争物资的补充，同时也可以协助守城。而在宽阔的嘉陵江上，蒙古铁骑显然没有优势。

钓鱼城攻防战中的火炮与火器

在公元 1259 年的攻城高潮中，蒙军总帅汪德臣被城中火炮击毙，蒙哥大汗本人被城中火炮击伤而死，表明宋军当时在火炮方面也占有优势。

水军和一字城，使得钓鱼城在北、西、南三面都相当安全，基本上只要面对东面从陆上来的攻城压力。而钓鱼城中居高临下的火炮，又使得蒙古军队从东面的仰攻极为困难。蒙哥大汗就是为了更好地视察前线军情，在登上钓鱼城新东门外一座叫做"脑顶坪"的小山丘时，被城中火炮击中的。

关于蒙哥大汗之死，有几种不同说法。有的说是病死的，有的说是被宋军流矢所伤，有的说是被"炮风所震"，致伤而死。"炮风"是指什么呢？这可以从元人周密《癸辛杂识》中找到旁证：1280年扬州发生炮库爆炸事件，"守兵百人皆糜碎无余，楹栋悉寸裂，或为炮风扇至十余里外"，这里"炮风"可以理解为爆炸所产生的气浪或冲击波。如果震伤蒙哥大汗的也是这样的"炮风"，那他即使没有当场"糜碎"，肯定也是凶多吉少了。

近年在钓鱼城进行的考古发掘，发现了当时宋军使用的一种火器"铁火雷"的残体和数十片弹片，这是类似现代手雷的爆炸物，生铁铸成外壳，内装炸药，用引信引爆。考古发掘还发现了地道，据推测这是元军挖掘的，可能试图用地道攻城，但被宋军发现，并用批量的"铁火雷"炸毁了地道，使元军不逞而罢。

不管蒙哥大汗是哪种死法，他终归如拉施德丁（Rashid al-Din Fadl Allah）在《史集》中所说的，死于"那座不祥的城堡"——英雄的钓鱼城下。

和平终战

　　在欧洲文艺复兴时期，许多著名的建筑工程师想过各种各样的办法修筑"永不陷落"的要塞城池，他们要是知道，遥远东方的冉氏兄弟，早在公元1243年就修筑了永垂不朽的钓鱼城，一定会爽然自失，自愧弗如的吧？

　　遥想当年，钓鱼城兵精粮足，全盛时期曾聚集着十几万忠勇的南宋军民，在那个时代已是俨然一座大城。2012年，考古工作者在钓鱼城内的范家堰，发现了宋代的衙署遗址，三进院落，气势恢宏，座落于隐秘的山坳中。这里不仅是钓鱼城的"市政厅"和"城防司令部"，也是钓鱼城这座军事要塞的内城，这里就是要塞中的要塞。

　　钓鱼城从建成开始，始终在宋朝军民的坚守之中。击毙蒙哥之后，钓鱼城又继续坚守了20年。1276年，南宋首都临安陷落，"侍臣已写归降表，臣妾佥名谢道清"，南宋朝廷向元军投降。可是就在这一年，钓鱼城中

钓鱼城范家堰南宋衙署遗址全景及周边环境（俯视图）

的宋军，竟然还能主动出击收复附近的失地！

到了公元 1278 年，蒙哥的继任者元世祖忽必烈几乎已经攻占中国全境，而钓鱼城仍在宋朝军民坚守之下。元使致书城中将领说："君之为臣，不亲于宋之子孙；合之为州，不大于宋之天下。彼子孙已举天下而归我，汝犹偃然负阻穷山，而曰忠于所事，不亦惑乎？"但钓鱼城军民置之不理。直到此时，元军还是无法攻下钓鱼城。

钓鱼城最终的弃守，是一次体面的和平。公元 1279 年，南宋已经无力回天，谁都看得出再打下去已经没有任何意义。守将合州安抚使王立，遂主动向元军谈判投降，忽必烈没有执行二十年前蒙哥临终留下的要对钓鱼城"屠城剖赤"的遗嘱，相反他还下令元军对钓鱼城军民"秋毫无犯"。

就在钓鱼城和平终战后一个月，最后集结起来的效忠南宋的残余兵力，在南方厓山会战中悲壮地全军覆没，丞相陆秀夫背负着南宋最后的皇帝（一个幼儿）蹈海而死，大宋王朝就此划上句号。

捌

雕版印刷、活字印刷和中韩争夺战

韩国人疯狂争夺发明权

2001年6月，联合国教科文组织终于认定，在韩国清州发现的《白云和尚抄录佛祖直指心体要节》（印刷于公元1377年）为世界最古老的金属活字印刷品。2005年9月，由韩国政府资助，联合国教科文组织在清州为《白云和尚抄录佛祖直指心体要节》举行了大型纪念活动。

最近几年，关于韩国试图夺取中国"四大发明"之一印刷术发明权的争议，十分热闹。虽然从根本上说，中国人在雕版印刷术和活字印刷术上的发明权都是不可动摇的，但是近年韩国学界和官方不遗余力的宣传活动，确实也在世界上产生了相当的影响。这些活动激起了一些中国人士的愤怒，争论中（尤其是网上的争论）难免有意气用事甚至带有民族沙文主义色彩的言论。

与其义愤填膺地争论，何如心平气和地考察？让我们静下心来，看看这场争夺战的来龙去脉。

中国人在雕版印刷术上的优先权无可争议

先看雕版印刷术。大唐咸通九年（公元 868 年），王玠印造了雕版印刷《金刚经》，该经卷末尾印有年份和印造人姓名，原件现藏伦敦不列颠图书馆。这很长时间一直被公认为中国人拥有雕版印刷发明优先权的实物证据，

伦敦不列颠图书馆馆藏大唐咸通九年（公元 868 年）雕版印刷《金刚经》。这卷《金刚经》被公认为是中国人拥有雕版印刷发明优先权的实物证据，当然只是中国人至迟在公元 868 年已经使用雕版印刷术的证据，按照常识推论，中国人也完全有可能在此之前已经使用雕版印刷术。

已经成为史学界的定论。这卷《金刚经》当然只是中国人至迟在公元868年已经使用雕版印刷术的证据，按照常识推论，中国人也完全有可能在此之前已经使用雕版印刷术。

风波起于1966年，在韩国庆州佛国寺舍利塔内，发现了一件雕版印刷品《陀罗尼经咒》，原件上没有年份。但是其中几个特殊的汉字是武则天在位期间（公元680～704年）创制使用的。此件的印刷年份可以这样推测：不早于公元704年（这年该经才译成汉语），不晚于公元751年（这年藏有该经卷的舍利塔完工）。韩国学者抓住这一点大做文章，他们宣称：既然《陀罗尼经咒》印刷于公元704～751年间，那它就比王玠印造的雕版印刷《金刚经》早了百余年，于是得出这卷《陀罗尼经咒》是世界上最早的印刷品，以及"韩国发明印刷术"的结论。

但问题在于，这卷《陀罗尼经咒》究竟是在哪里印刷的？它使用了武则天在位期间的特殊汉字，而且"严格符合中国印刷的模式和方法"，它很可能是庆州佛国寺建成时从中国带来的贺礼——众所周知，唐代中国的佛经、书籍等等，经常是朝鲜半岛上层社会热衷于搜寻和购买的珍品。事实上，许多中外学者都认为，这卷《陀罗尼经咒》就是在中国印造的。富路德（L. C. Goodrich）在1967年的论文中就断言："每件事都指出，印刷术是在中国发明的，并由中国传播到国外。"李约瑟的《中国科学技术史》第五卷第一分册《纸和印刷》（该分册由钱存训著，1985年）也郑重采纳了这一结论。

回想1966年的中国，正处在"文革"的动乱中，人们无暇顾及遥远的朝鲜半岛东南部一个佛寺舍利塔中发现的小小经卷，更没有注意到韩国人借此开始打造"韩国发明印刷术"现代神话的努力。等到改革开放多年之后，中国学者睁眼看世界，才发现韩国人持续不懈打造多年的神话，居然已经在西方和日本广泛流传了！

活字印刷术的优先权韩国人也夺不走

再看活字印刷术。争议的情况更为复杂。

北宋沈括的著名笔记《梦溪笔谈》卷十八"技艺"中。有一段早已被中外著作反复引用了无数次的记载，其要点如下：北宋庆历年间（公元 1041～1048 年），布衣毕昇发明了活字印刷术。他用泥做成活字字模，然后用火烧结使之坚硬。用"松脂蜡和纸灰之类"加热熔化冷却后作为固定粘合材料（可反复使用）。这是世界上关于活字印刷术的最早记载，这一点为国际学术界所公认，韩国学者也无异议。

尽管沈括的《梦溪笔谈》中也记述了许多在今天看来难以置信的"怪、力、乱、神"事物（这一点以往几乎所有论及《梦溪笔谈》的著作都避而不谈），但从他对毕昇活字印刷术记载的大量细节来看，这段记载应该是非常可信的。

图为今人雕刻的木活字。从《梦溪笔谈》对毕昇泥活字印刷术的记载中推测，在毕昇之前已经有人尝试过木活字印刷技术，但因木活字的种种缺点而放弃了。300年后木活字的想法才重新复活，元代王祯于公元1297～1298年间创制了第一套木活字。木活字最大规模的应用是在清代。

上个世纪 80 年代末，中国科技大学科学史研究室，在中国科学院上海硅酸盐研究所等单位的协助下，曾进行了泥活字印刷术的模拟实验，证明《梦溪笔谈》中记载的毕昇泥活字印刷术是完全可以实际操作使用的，而不是如某些韩国学者所宣称的，沈括记载的毕昇泥活字印刷术"只是一个想法"。

从中国人用了好几百年的雕版印刷，发展到活字印刷，其间并无不可跨越的鸿沟。但是"活字印刷"即使仅仅作为一个想法，也仍然不失为一个伟大的想法。在这个想法的指引下，继毕昇的泥活字之后，很自然地会出现木活字、金属（主要是铜，也有过其他金属）活字的尝试。

从《梦溪笔谈》对毕昇泥活字印刷术的记载中推测，在毕昇之前已经有人尝试过木活字的印刷，但因木活字的种种缺点而放弃了。300 年后木活字的想法才重新复活，元代王祯于公元 1297～1298 年间创制了第一套木活字，并用它印制过《旌德县志》（他担任过六年旌德县的县尹）。木活字最大规模的应用是在清代，公元 1773 年，乾隆下令刻了一套木活字，共 253500 个字（许多常用字要刻多个复本——这一点毕昇就知道了），并用它印刷了《武英殿聚珍版丛书》134 种共 2300 余卷。

木活字的缺点是对木料的要求极高（否则受热、受潮、受挤压都可能变形），而且印刷多次之后木字就会磨损。泥活字固然没有这些缺点，但金属活字岂不更好？15 世纪后期，铜活字在中国江南开始流行。然而，对比各种情况来看，铜活字在中国的境遇并不太好。

华燧（公元 1439～1513 年）是尝试铜活字印刷术商业化的最重要人物之一。按照钱存训的看法，他是那些发了财之后想要用刻书来博取声誉的富人中的一员，"他狂热地沉湎于书本"，但 20 年间，他家族办的出版公司"会通馆"用铜活字印制的书，也只是"至少有 15 种，共约 1000 卷以上"而已。

到了清朝，朝廷倒是造了 25 万枚铜活字，并在 1728 年用这些铜活字印刷了巨型类书《古今图书集成》，然而

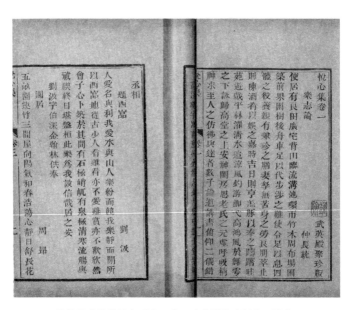

清乾隆武英殿活字刊本，为《武英殿聚珍版书》零种。

《钦定古今图书集成》，清雍正四年铜活字印本

这套铜活字却在 16 年后被熔化用来铸造钱币了！

朝鲜半岛对金属活字的青睐

与在中国的境遇相比，铜活字在朝鲜半岛却是大受亲睐。

按照韩国文献记载，公元 1234 年晋阳公崔怡（1195～1247）在江华岛用铜活字印成《古今详定礼文》。在公元 1395 年和 1397 年，朝鲜至少还用木活字印刷过明朝的律令和李朝太祖李成桂的传记。

朝鲜大规模铸造活字始于李朝，太宗十一年（公元 1403 年）命置铸字所，按宋刊本字体铸 10 万字，称"癸未字"。世宗二年（公元 1420 年）铸"庚子字"；十六年（公元 1434 年）铸"甲寅字"；十八年（公元 1436 年）又铸"丙辰字"。此外又创制了铁活字，印成《西坡集》、《鲁陵志》、《醇庵集》等书。朝鲜此后很长时间都侧重金属活字印刷，铸有大量活字，据一些学者考证，朝鲜铸造铜、铁、铅等金属活字先后达 34 次（另一说认为多达 40 余次），其中 33 次为政府所铸。这些金属活字绝大部分因兵燹灾害等原因而毁弃，或熔铸为新活字。如今韩国学者所引据的最重要证据，是公元 1377 年用金属活字印刷的《白云和尚抄录佛祖直指心体要节》。

从上述文献记载和实物证据来看，在使用金属活字的印刷活动中，朝鲜确实有可能比中国更早。联合国教科文组织 2001 年将《白云和尚抄录佛祖直指心体要节》认定为世界上最早的金属活字印刷品，在当时也有事实根据。

但是，即便如此，韩国也不可能将活字印刷术的发明权从中国夺走。因为《白云和尚抄录佛祖直指心体要节》的印刷，毕竟晚于毕昇发明活字印刷术 300 余年。就算朝鲜首先使用了金属活字，那也只是在毕昇活字印刷术的基础上所做的技术性改进或发展，这和"发明活字印刷术"不可同日而语。

其实对于这一点，李朝的朝鲜学者自己是很清楚的，他们都承认中国人在活字印刷术上的发明权。例如，公元1485年朝鲜活字版《白氏文集》前有金宗直序，其中说："活字法由沈括首创，至杨惟中始臻完善。"虽然将发明者毕昇误为沈括（显然是因为记述此事的沈括名头远大于布衣毕昇之故），但明确确认活字印刷术来自中国。又如，朝鲜学者徐有榘（1764~1845）在《怡云志》卷七《活版缘起》中说："沈括《梦溪笔谈》记胶泥刻字法，斯乃活版之权与也……或用铜造，我东尤尚之。"也明确确认活字印刷术来自中国，而朝鲜后来特别喜欢铜活字。

奇怪的是，这些朝鲜学术前辈明明都承认活字印刷术来自中国，他们的后辈——当代的韩国学者——却视而不见，继续倾力打造"韩国发明印刷术"的现代神话。

综上所述，中国人在雕版印刷术和活字印刷术上的发明权都是不可动摇的，韩国充其量只能夺得"铜活字印刷术"的发明权——实际上也可能再次失落，因为关于在中国境内新发现更早的活字印刷品的报导，近年络绎不绝。只不过这种竞赛如果持续下去，搞得联合国教科文组织每隔几年就重新"认定"一次，也未免迹近儿戏了。

活字印刷术在古代难以商业化

但是接下来，有一个问题一直没有得到重视，那就是：在毕昇发明活字印刷术之后将近一千年间，中国的绝大部分书籍仍然是雕版印刷的！

这个事实是毫无疑问的，我们需要的是解释造成这一事实的原因。

先从客观效果来看，可以肯定的是，活字印刷在古代中国未能成功地商业化。

毕昇并没有因为发明活字印刷术而发财，至少沈括没有这样记载。可以推测的是，毕昇此举多半和林语堂研制中文打字机类似——花费了不少钱，但没有获得商业成功。

明代江苏无锡的华燧，是尝试铜活字印刷术商业化的最重要人物之一，效果如何呢？华燧致力于用铜活字印书，结果是家道"少落"——家族资产缩水，尽管华燧"漠如也"，漠然置之。毫无疑问，铜活字印刷业务没有给他带来商业利润。而与此同时，继续使用中国传统雕版印刷术——其成本远较今人想象的低廉——的书商们，赚钱发财的大有人在。

其他著名的活字印刷"工程"，几乎都没有商业背景。《武英殿聚珍版丛书》和《古今图书集成》都是皇家行动，根本不必考虑经济效益。王祯任县尹时用木活字印刷《旌德县志》，也就是"县委书记"关心"地方志办公室"工作而已，就和今天的地方志出版一样，是政府行为，也不必考虑经济效益。朝鲜李朝大规模使用铜活字印书，几乎都是皇家的政府行为，同样不必考虑经济效益。

发明里的中国

那么活字印刷术为什么在古代难以商业化呢？

相比之下，古登堡 1439 年发明活字印刷术，很快就进入实用商业化阶段。最根本的原因，就是汉字与拼音化的西文之间的差异。一套西文活字，包括大小写和数字及常用符号，不会超过一百个，但是古代常用的汉字需要数万个。如果考虑到常用字的复本，制造一套实用的汉字活字，通常需要 20 万枚左右，甚至更多。例如印刷《武英殿聚珍版丛书》的那套木活字是 253500 枚。由于活字印刷系统需要巨大的前期投资，必然使得一般商人望而却步，所以往往只能由皇家出面来实施。

更大的困难来自排版。在西文活字印刷中，面对不到 100 个符号，一个排版工人不需要太多的文化就可胜任。但是面对数万个不同汉字（它们通常被按照韵部来排列），一个排版工人就必须有一定文化才行了——至少他必须认识这几万个汉字。只要回忆一下 20 世纪 90 年代以前的中文打字机，情况就很清楚了：那时常用汉字已经因为白话文和简体字而减少到只有数千字了，但打字员（通常由女性担任）仍然要面对一个巨大的字盘。和使用西文打字机的西文打字员相比，中文打字员为了能够在字盘中迅速找到需要的汉字，需要远远超过西方同行的训练时间和专业素质。

事实上，汉字最终摆脱了（和西文相比）在活字印刷上的根本劣势，还只有十几年的历史——是电脑写作和电脑排版根本改变了这一局面。展望未来，汉字的辉煌时代还在后面。至于费力多年打造起来的"韩国发明印刷术"的现代神话，最终必将成为见证中华文化传播世界的小插曲——他们所引为证据的文献，不都是汉文汉字的吗？

古代常用的汉字需要数万个。如果考虑到常用字的复本，制造一套实用的汉字活字，通常需要 20 万枚左右，甚至更多。

玖 郑和下西洋

自公元 1405 年（永乐三年）至 1433 年（宣德八年），郑和先后七次奉命率领庞大的远洋舰队出海远航。舰队规模达到二百四十多艘船舰，船员及官兵两万七千余人，毫无疑问是当时世界上最强大的舰队。

　　郑和的远洋舰队访问了 30 多个西太平洋和印度洋的国家及地区，包括爪哇、苏门答腊、苏禄、彭亨、真腊、古里、暹罗、阿丹、天方、左法尔、忽鲁谟斯、木骨都束等国，最远曾达非洲东海岸、红海、麦加，甚至可能到过今天的澳大利亚。

持续二十多年的远洋航行，期间包括了友好访问，双边贸易，甚至小规模的战争。如此有声有色的活动，却在1433年戛然而止。郑和病逝，远航终结，神话般的庞大远洋舰队仿佛人间蒸发……。

中国虽然有着漫长的海岸线，但是数千年来，在绝大部分时间里，中国的行事风格更像一个内陆大国。其间中国只有两段短暂的海上风云岁月，一段就是郑和的七下西洋，另一段是明末清初另一个姓郑的家族——郑芝龙和郑成功——从海盗起家到效忠明朝最后割据台湾，也可算是峥嵘岁月。

考虑到这样的历史背景，郑和七下西洋的壮举，自然成为一个引人注目的特殊事件。

七下西洋概述

第一次下西洋。永乐四年（1406年）六月，郑和舰队到达爪哇岛上的麻喏八歇国。当时该国正在内战，西王获胜，郑和舰队人员上岸，被误杀170人。西王震恐谢罪，愿献黄金六万两赎罪，郑和知为误杀，赦之，遂化干戈为玉帛。舰队随后到达三佛齐旧港，郑和出兵剿灭海盗陈祖义，生擒之。舰队随后至苏门答腊、满剌加、锡兰、古里等国。赐古里国王诰命银印，立碑"去中国十万余里，民物咸若，熙嗥同风，刻石于兹，永示万世"。次年九月回国，献俘陈祖义等，问斩。

第二次下西洋。此次出访所到国家有占城、渤尼（今文莱）、暹罗（今泰国）、真腊（今柬埔寨）、爪哇、满剌加、锡兰、柯枝、古里等。永乐七年（1409年）到达锡兰，郑和舰队向有关佛寺布施了金、银、丝绢、香油等，并立《布施锡兰山佛寺碑》，记述所施之物。此碑现存科伦坡博物馆。

第三次下西洋。永乐七年（1409年）九月，舰队经过占城、暹罗、真腊、爪哇、淡马锡、满剌加。郑和在满剌加建仓库，存放远航所需钱粮货物。此处成为郑和舰队远航的中转站。船队又从满剌加起航，经阿鲁、苏门答剌、南巫里、锡兰、加异勒（今印度半岛南端东岸）、阿拔巴丹、甘巴里、小葛兰、柯枝，最后抵古里。

此次远航发生了七下西洋中唯一一次战争。郑和访问锡兰山国时，国王亚烈苦奈儿"负固不恭，谋害舟师"未遂，郑和回程时再访其国，亚烈苦奈儿诱骗郑和到国中，发兵五万围攻郑和舰队，并伐木阻断郑和归路。不料郑和趁其国中空虚，率二千官兵取小道出其不意突袭亚烈苦奈儿王城，破之，生擒亚烈苦奈儿并家属。永乐九年（1411年）六月，郑和回国，向永乐帝献俘亚烈苦奈儿，朝臣皆曰可杀，永乐帝悯其无知，释之，命礼部商议，选其国人中贤者为王，遂立邪把乃耶，诰封为锡兰山国王，并遣返亚烈苦奈儿。从此"海外诸番，益服天子威德"。八月，礼部、兵部议奏此役有功将士，各有升赏。

第四次下西洋。永乐十年（1412年），正使太监郑和、副使王景弘等奉命统军二万七千余人，驾海船四十，

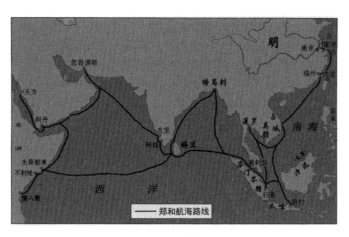

郑和航海路线图

出使满剌加、爪哇、占城、苏门答剌、柯枝、古里、南渤里、彭亨、吉兰丹、加异勒、勿鲁谟斯、比剌、溜山、孙剌等国]。郑和到占城，奉帝命赐占城王冠带。舰队到苏门答剌，时伪王苏干剌窃国，郑和奉帝命率兵追剿，生擒苏干剌，送京伏诛。舰队至三宝垄，郑和在当地华人回教堂祈祷。郑和命哈芝黄达京掌管占婆华人回教徒。郑和舰队首次绕过阿拉伯半岛，航行至东非麻林迪（肯尼亚）。永乐十三年（1415年）七月回国。同年麻林迪特使来中国进献"麒麟"（即长颈鹿）。

第五次下西洋。永乐十五年（1417年）五月，郑和舰队出发，护送古里、爪哇、满剌加、占城、锡兰山、木骨都束、溜山、喃渤里、卜剌哇、苏门答剌、麻林、剌撒、忽鲁谟斯、柯枝、南巫里、沙里湾泥、彭亨各国使者，及旧港宣慰使归国。随行有僧人慧信，将领朱真、唐敬等。在柯枝，郑和奉命诏赐国王印诰，封国中大山为镇国山，并立碑铭。舰队到达锡兰时郑和派分队驶经溜山西行到达非洲东海岸木骨都束（今索马里摩加迪沙）、不剌哇（今索马里境内）、麻林（今肯尼亚马林迪）。舰队到古里后，一支分队驶向阿拉伯半岛祖法儿、阿丹和剌撒（今也门民主共和国境内），一支分队直达忽鲁谟斯。忽鲁谟斯进贡狮子，金钱豹，西马；阿丹国进贡麒麟，祖法尔进贡长角马，木骨都束进贡花福鹿、狮子，卜剌瓦进贡千里骆驼、鸵鸡；爪哇、古里进贡麂里羔兽。永乐十七年（1419年）七月回国。

第六次下西洋。永乐十九年（1421年）正月，成祖命令郑和送十六国使臣回国。途径国家及地区有占城、暹罗、忽鲁谟斯、阿丹、祖法儿、剌撒、不剌哇、木骨都束、竹步（今索马里朱巴河）、麻林、古里、柯枝、加异勒、锡兰山、溜山、南巫里、苏门答剌、阿鲁、满剌加、甘巴里、慢八萨（今肯尼亚蒙巴萨）。次年舰队回国，随舰队来访者有暹罗、苏门答剌和阿丹等国使节。史载此次远航"于镇东洋中，官舟遭大风，掀翻欲溺，舟中喧泣"。永乐二十二年（1424年），成祖去世，仁宗朱高炽即位，以国库空虚，下令停止下西洋行动。

第七次下西洋。在远航停顿了 6 年之后，宣德五年（1430 年）宣德帝（明宣宗朱瞻基）以外番多不来朝贡，命郑和再次远航，"往西洋忽鲁谟斯等国公干"，随行有太监王景弘、李兴、朱良、杨真，右少保洪保等人。第七次下西洋已经有一点强弩之末的光景，但据明代史料记载，仍有官校、旗军、火长、舵工、班碇手、通事、办事、书弄手、医士、铁锚搭材等匠、水手、民梢等共两万七千余人。舰队返航至古里附近时，郑和因劳累过度一病不起，于宣德八年（1433 年）四月初，在印度西海岸古里逝世。舰队由太监王景弘率领返航，同年七月回国。

关于郑和舰队的编制、装备及技术

郑和下西洋的舰队，被一些西方学者称为"特混舰队"，李约瑟甚至认为，"同时代的任何欧洲国家，以致所有欧洲国家联合起来，可以说都无法与明代海军匹敌。"舰队人数达两万七千余人，相当于明朝军队的5个卫（每个卫5000～5500人），而哥伦布、达·伽马、麦哲伦等著名远洋航行的人数，至多仅二百余人。虽然队伍精干可能表明效率较高，但是仅仅能够解决两万七千余人经年远航的给养，也已经足以显示国力的强盛。

郑和舰队中最大的船舰到底有多大，是学术界一个长期争论的话题。据《明史·郑和传》记载，郑和航海宝船共63艘，最大的长四十四丈四尺，宽十八丈，是当时世界上最大的海船，折合现今长度为151.18米，宽61.6米。船有四层，9桅12帆，锚重数千斤。《明史·兵志》上也说"宝船高大如楼，底尖上阔，可容千人"。

据记载，郑和下西洋的舰队中有五类船舶。其一即上述"宝船"。其二为"马船"，长三十七丈，宽十五丈。其三为"粮船"，长二十八丈，宽十二丈。其四为"坐船"，长二十四丈，宽九丈四尺。其五为"战船"，长十八丈，宽六丈八尺。

但是对于郑和"宝船"是否真的如记载中那么大，有两派相反的意见。

"肯定派"认为《明史》所载基本正确，因为对南京郑和造船厂的考古发掘，发现了一根约 15 米长的舵，和明史所述宝船大小相符。而《伊本·白图泰游记》中也记录了中国巨大的 12 帆可载千人的海船，可为旁证。

"质疑派"则认为，木材强度有限，不可能造成长达四十四丈的大船。根据他们推论，郑和的"宝船"实际上长约十五到二十丈，宽六到八丈左右。载重量约为五千吨。

事实上，迄今为止，从未有人复制出能够实际航行的四十四丈"宝船"。

不过，即使采纳"质疑派"的数据，郑和宝船仍不失为当时世界上首屈一指的巨舶。

关于郑和舰队所使用的航海技术，据《郑和航海图》记载，郑和使用指南针，结合过洋牵星术（初级形态的天文导航），这在当时已经是最先进的航海导航技术。舰

郑和宝船猜想复原模型

队白天用指南针导航，夜间则用观看星斗和水罗盘保持航向。

郑和下西洋的目的及意义

关于成祖命郑和七下西洋的目的，比较耸人听闻的，是说以"寻访仙人张邋遢"为名，实际上是去寻找可能亡命海外的建文帝（因成祖是通过武装叛乱从侄儿建文帝手中夺取帝位的）。此说虽富有想象力，但明显不符合常情。因为如果真的要执行这样的使命，应该秘密派出精干的特工人员，而不是动用几万人惊天动地进行远航。

比较稳健持平的推测，当然是从政治方面着眼。中国舰队纵横万里，显示了中国的实力，宣示了朝廷的威德，在一段时期内形成了各国争向明朝"朝贡"的盛况。

至于七下西洋对中外贸易的推进作用，不必估计过高。因为七下西洋所促进的中外贸易，是一种畸形的

"朝贡贸易"——对明朝来说大致上是一种赔钱的买卖。各国"进贡"方物是象征性的,主要是用以表示对宗主国明朝的臣服;而明朝对各国的"厚赐",则是以经济利益的方式对他们政治上臣服的嘉奖。这种对明朝来说没有"经济效益"的"朝贡贸易",是以明朝的财富来支撑的。有人视之为现代"金钱外交"的先声。所以当朝廷无力或不愿再提供这种经济支撑时,七下西洋的盛举也就终止了。

郑和发现了美洲和澳洲吗?

2002 年,前英国皇家海军潜水艇指挥官加文·孟席斯(Gavin Menzies)出版了畅销书《1421 年:中国发现世界》(1421: *The Year China Discovered the World*),其中提出了许多惊人的论点。作者断言:郑和是世界环球航行第一人,郑和的舰队在永乐十九年(公元 1421 年)

发现美洲大陆，早于哥伦布70年；郑和舰队还先于库克船长350年发现了澳洲；而中国人到达麦哲伦海峡，甚至比麦哲伦出生还早60年。中国人最早绘制了世界海图，而且比欧洲早三个世纪已经解决了经度计算问题。

加文·孟席斯为这些论断研究了14年，足迹遍及120个国家，访问了900多处图书馆、博物馆和档案馆，写成本书。

西方的学术界对孟席斯的惊人论断基本无法接受，但是大众媒体却对此十分欢迎，已经有越来越多的人开始关注这本书和其中的论断。《1421年：中国发现世界》已有中译本，2005年由京华出版社出版。

孟席斯的上述论断虽然相当离经叛道，但他的态度还是认真的，并非信口开河的无稽之谈。在这样的问题上，以宽容的心态听听不同的叙述和论证，也未尝没有启发和趣味。

附录：古代中国人的宇宙

引言

"时空"一词，出于现代人对西文 time‑space 之对译，古代中国人则从不这么说。《尸子》（通常认为成书于汉代）上说：

> 四方上下曰宇，往古来今曰宙。

这是迄今在中国典籍中找到的与现代"时空"概念最好的对应。不过我们也不要因此就认为这位作者（相传是周代的尸佼）是什么"唯物主义哲学家"——因为他接下去就说了"日五色，至阳之精，象君德也，五色照耀，君乘土而王"之类的"唯心主义"色彩浓厚的话。

在今天，"宇宙"一词听起来十分通俗（在日常用法中往往只取空间、天地之意），其实倒是古人的措词；而"时空"一词听起来很有点"学术"味，其实倒是今人真正通俗直白的表达。

以往的不少论著在谈到中国古代宇宙学说时，有所谓"论天六家"之说，即盖天、浑天、宣夜、昕天、穹天、安天。其实此六家归结起来，也就是《晋书·天文志》中所说"古言天者有三家，一曰盖天，二曰宣夜，三曰浑天"三家而已。

本文将在梳理有关历史线索的基础上，设法澄清前贤的一系列误解，并对如何评价历史上的各种宇宙模式提出新的判据。

怎样看待宇宙的有限无限问题

既然宇是空间，宙是时间，那么空间有没有边界？时间有没有始末？无论从常识还是从逻辑角度来说，这都是一个很自然的问题。然而这问题却困惑过今人，也冤枉过古人。

困惑今人，是因为今人中的不少人一度过于偏信"圣人之言"，他们认为恩格斯已经断言宇宙是无限的，那宇宙就一定是无限的，就只能是无限的，就不可能不是无限的！然而"圣人之言"是远在现代宇宙学的科学观测证据出现之前作出的，与这些证据（比如红移、3K背景辐射、氦丰度等）相比，"圣人之言"只是思辨的结果。而在思辨和科学证据之间应该如何选择，其实圣人自己早已言之矣。

今人既已自陷于困惑，乃进而冤枉古人。凡主张宇宙为有限者，概以"唯心主义"、"反动"斥之；而主张宇宙为无限者，又必以"唯物主义"、"进步"誉之。将古人抽象的思辩之言，硬加工成壁垒分明的"斗争"神话。在"文革"及稍后一段时间，这种说法几成众口一词。直到今日，仍盘踞在不少人文学者的脑海之中。

首先接受现代宇宙学观测证据的，当然是天文学家。现代的"大爆炸宇宙模型"是建立在科学观测证据之上的。在这样的模型中，时间有起点，空间也有边界。如果一定要简单化地在"有限"和"无限"之间作选择，那就只能选择"有限"。

古人没有现代宇宙学的观测证据，当然只能出以思辩。《周髀算经》明确陈述宇宙是直径为810,000里的双层圆形平面——笔者已经证明不是先前普遍认为的所谓"双重球冠"形。汉代张衡作《灵宪》，其中所述的天地为直径"二亿三万二千三百里"的球体，接着说：

> 过此而往者，未之或知也。未之或知者，宇宙之谓也。宇之表无极，宙之端无穷。

发明里的中国

张衡将天地之外称为"宇宙",与《周髀算经》不同的是他认为"宇宙"是无穷的——当然这也只是他思辩的结果,他不可能提供科学的证明。而作为思辩的结果,即使与建立在科学观测证据上的现代结论一致,终究也只是巧合而已,更毋论其未能巧合者矣。

也有明确主张宇宙有限者,比如汉代扬雄在《太玄·玄摛》中为宇宙下的定义:

阖天谓之宇,辟宇谓之宙。

天和包容在其中的地合在一起称为宇,从天地诞生之日起才有了宙。这是明确将宇宙限定在物理性质的天地之内。这种观点因为最接近常识和日常感觉,即使在今天,对于没有受过足够科学思维训练的人来说也是最容易接纳的。虽然在古籍中寻章摘句,还可以找到一些能将其解释成主张宇宙无限的话头(比如唐代柳宗元《天对》中的几句文学性的咏叹),但从常识和日常感觉出发，终以主张宇宙有限者为多。①

　　总的来说，对于古代中国人的天文学、星占学或哲学而言，宇宙有限还是无限并不是一个非常重要的问题。而"上下四方曰宇，往古来今曰宙"的定义，则可以被主张宇宙有限、主张宇宙无限以及主张宇宙有限无限为不可知的各方所共同接受。

对李约瑟高度评价宣夜说的商榷

　　宣夜、盖天、浑天三说中，宣夜说一直得到国内许多论者的高度评价，其说实始于李约瑟。李氏在《中国科学技术史》的天学卷中，为"宣夜说"专设一节。他热情赞颂这种宇宙模式说：

---

① 可参看郑文光、席泽宗：《中国历史上的宇宙理论》，人民出版社，1975，页 145—146。

这种宇宙观的开明进步，同希腊的任何说法相比，的确都毫不逊色。亚里士多德和托勒密僵硬的同心水晶球概念，曾束缚欧洲天文学思想一千多年。中国这种在无限的空间中飘浮着稀疏的天体的看法，要比欧洲的水晶球概念先进得多。虽然汉学家们倾向于认为宣夜说不曾起作用，然而它对中国天文学思想所起的作用实在比表面上看起来要大一些。[1]

这段话使得"宣夜说"名声大振。从此它一直沐浴在"唯物主义"、"比布鲁诺早多少多少年"之类的赞美歌声中。虽然我在十多年前已指出这段话中至少有两处技术性错误，[2]但那还只是枝节问题。这里要讨论的是李约瑟对"宣夜说"的评价是否允当。

---

[1] 李约瑟：《中国科学技术史》第四卷"天学"（注意这是七十年代中译本的分卷法，与原版不同），科学出版社，1975，页115—116。

[2] 李约瑟的两处技术性错误是：一、托勒密的宇宙模式只是天体在空间运行轨迹的几何表示，并无水晶球之类的坚硬实体。二、亚里士多德学说直到十四世纪才获得教会的钦定地位，因此水晶球体系至多只能束缚欧洲天文学思想四百年。参见江晓原：天文学史上的水晶球体系，《天文学报》28卷4期（1987）。

"宣夜说"的历史资料，人们找来找去也只有李约瑟所引用的那一段，见《晋书·天文志》：

> 宣夜之书亡，惟汉秘书郎郗萌记先师相传云：天性了无质，仰而瞻之，高远无极，眼瞀精绝，故苍苍然也。譬之旁望远道之黄山而皆青，俯察千仞之深谷而窈黑，夫青非真色，而黑非有体也。日月众星，自然浮生虚空之中，其行其止皆须气焉。是以七曜或逝或住，或顺或逆，伏现无常，进退不同，由乎无所根系，故各异也。故辰极常居其所，而北斗不与众星西没也。摄提、填星皆东行。日行一度，月行十三度，迟疾任情，其无所系著可知矣。若缀附天体，不得尔也。

其实只消稍微仔细一点来考察这段话，就可知李约瑟的高度赞美是建立在他一厢情愿的想象之上的。

首先，这段话中并无宇宙无限的含义。"高远无极"

明显是指人目远望之极限而言。其次，断言七曜"伏现无常，进退不同"，却未能对七曜的运行进行哪怕是最简单的描述，造成这种致命缺陷的原因被认为是"由乎无所根系"，这就表明这种宇宙模式无法导出任何稍有实际意义的结论。相比之下，西方在哥白尼之前的宇宙模式——哪怕就是亚里士多德学说中的水晶球体系，也能导出经得起精确观测检验的七政运行轨道。[1]前者虽然在某一方面比较接近今天我们所认识的宇宙，终究只是哲人思辩的产物；后者虽然与今天我们所认识的宇宙颇有不合，却是实证的、科学的产物。[2]两者孰优孰劣，应该不难得出结论。

宣夜说虽因李约瑟的称赞而在现代获享盛名，但它未能引导出哪怕只是非常初步的数理天文学系统——即对日常天象的解释和数学描述，以及对未来天象的推算。

---

[1] 在哥白尼学说问世时，托勒密体系的精确度——由于第谷将它的潜力发挥到了登峰造极的地步——仍然明显高于哥白尼体系。

[2] 我们所说的"实证的"，意思是说，它是建立在科学观测基础之上的。按照现代科学哲学的理论，这样的学说就是"科学的（Scientific）"。

从这个意义上来看，宣夜说（更不用说昕天、穹天、安天等说）根本没有资格与盖天说和浑天说相提并论。真正在古代中国产生过重大影响和作用的宇宙模式，是盖天与浑天两家。

浑天说：纲领和起源之谜

关于《周髀算经》中的盖天宇宙模型，它的宇宙的正确形状、它所叙述的北方高纬度地区天象和寒暑五道知识、它们与域外天学的关系，以及《周髀算经》盖天宇宙模型作为中国古代唯一的公理化尝试，笔者已经发表了一组系列论文。[①] 并出版了对《周髀算经》文本的

---

① 江晓原：《周髀算经》——中国古代唯一的公理化尝试，《自然辩证法通讯》18 卷 3 期（1996）。

江晓原：《周髀算经》盖天宇宙结构考，《自然科学史研究》15 卷 3 期（1996）。

江晓原：《周髀算经》与古代域外天学，《自然科学史研究》16 卷 3 期（1997）。

学术注释及译文。① 故此处仅讨论浑天说。

古代中国的宇宙学说，虽有所谓六家之说，但其中的"昕天说"、"穹天说"、"安天说"，其实基本上徒有其名；即使是李约瑟极力推崇的"宣夜说"，也未能引导出哪怕非常初步的数理天文学系统，即对日常天象的解释和数学描述，以及对未来天象的推算。所以真正称得上"宇宙学说"的，不过两家而已，即"盖天说"和"浑天说"。

《周髀算经》中的盖天学说，是中国古代天学中唯一的公理化几何体系。尽管比较粗糙幼稚，但其中的宇宙模型有明确的几何结构，由这一结构进行推理演绎时，也有具体的、绝大部分能够自洽的数理。所以盖天说不

---

① 江晓原、谢筠：《周髀算经译注》（国务院古籍整理八五规划书目之一），辽宁教育出版社，1996。

顺便指出，先前有些论著中有所谓"第一次盖天说"、"第二次盖天说"之说，谓古代的"天圆地方"之说为"第一次盖天说"，而《周髀算经》中所陈述的盖天说为"第二次盖天说"。其实后者有整套的数理体系，而前者只是一两句话头而已，两者根本不可同日而语。因此上面这种说法没有什么积极意义，反而会带来概念的混淆。

失为中国古代一个初具规模的数理天文学体系，但是它的构成中有明显的印度和希腊来源。

与盖天说相比，浑天说在中国天学史上的地位要高得多——事实上它是在中国古代占统治地位的主流学说。然而它却没有一部象《周髀算经》那样系统陈述其学说的著作。浑天说的纲领性文献，居然只流传下来一段二百来字的记载，即唐代瞿昙悉达编的《开元占经》卷一所引《张衡浑仪注》，全文如下：

浑天如鸡子。天体（这里意为"天的形体"）圆如弹丸，地如鸡子中黄，孤居于内。天大而地小。天表里有水，水之包地，犹壳之裹黄。天地各乘气而立，载水而浮。周天三百六十五度又四分度之一，又中分之，则一百八十二分之五覆地上，一百八十二分之五绕地下。故二十八宿半见半隐。其两端谓之南北极。北极乃天之中也，在正北，出地上三十六度。然则北极上规径七十二度，常见不隐；南极天之中也，在南入地三十六度，南极下规径七十二度，常伏不见。两极相去一百八十二度半强。天转如车毂之运也，周旋无端，其形浑浑，故曰浑天也。

这段二百来字的记载中，还因为"排比"而浪费了好几句的篇幅。难道这就是统治中国天学两三千年的浑天说的基本理论？如果和《周髀算经》中的盖天理论相比，这未免也太简陋、太"山寨"了吧？但问题还远远不止于此。在上面那段文献中，还有一个非常关键的细节，很长时间一直没有被学者们注意到。

这个关键细节就是上文中的北极"出地上三十六度"。意思是说，北天极的地平高度是三十六度。

球面天文学常识告诉我们，北天极的地平高度并不是一个常数，它是随着观测者所在的地理纬度而变的——它在数值上恰好等于当地的地理纬度。因此对于一个宇宙模型来说，北天极的地平高度并不是一个必要的参数。但是在上面那段文献中，作者显然不是这样认为的，所以他一本正经地将北天极的地平高度当作一个重要的基本数据来陈述。

这个费解的细节提示了什么呢？

上面这段文献有可能并非全璧，而只是残剩下来的一部分。从内容上看，它很像是在描述某个演示浑天理论的仪器——中国古代将这样的仪器称为"浑仪"或"浑象"。一个很容易设想的、合乎常情的解释是，在上述文献所描述的这个仪器上，北天极是被装置成地平高度为三十六度的。而我们根据天文学常识可以肯定的是，任何依据浑天理论建造的天象观测仪器或天象演示仪器，当它是在纬度为三十六度的地区使用时，它的北天极就会被装置成地平高度为三十六度。

所以，这个费解的细节很可能提示了：浑天说来自一个纬度为三十六度的地方。

神秘的北极出地三十六度

　　浑天说在古代中国的起源，一直是个未解之谜。可能的起源时间，大抵在西汉初至东汉之间，最晚也就到东汉张衡的时代。认为西汉初年已有浑天说，主要依据两汉之际扬雄《法言·重黎》中的一段话：

　　　　或问浑天，曰：落下闳营之，鲜于妄人度之，耿中丞象之。

　　一些学者认为，这表明落下闳（活动于汉武帝时）的时代已经有了浑仪和浑天说，因为浑仪就是依据浑天说而设计的。也有学者强烈否认那时已有浑仪，但仍然相信是落下闳创始了浑天说。迄今未有公认的结论。在《法言》这段话中，"营之"可以理解为"建构了理论"或"设计了结构"；"度之"可以理解为"确定了参数"；

"象之"则显然就是"造了一个仪器来演示它"。

如果我们打开地图寻求印证，来推断浑天说创立的地点，那么在上述两段历史文献中，可能与浑天说创立有关系的地点只有三个：

长安，落下闳等天学家被召来此地进行改历活动；

洛阳，张衡在此处两次任太史令；

巴蜀，落下闳的故乡。

在我们检查上述三个地点的地理纬度之前，还有一个枝节问题需要注意：在《张衡浑仪注》中提到的"度"，都是指"中国古度"，中国古度与西方的360°圆周之间有如下的换算关系：1 中国古度 = 360/365.25 = 0.9856°

因此北极"出地上三十六度"转换成现代的说法就是：北极的地平高度为 35.48°。

现在让我们来看长安、洛阳、巴蜀的地理纬度。考虑到在本文的问题中，并不需要非常高的精度，所以我们不妨用今天西安、洛阳、巴中三个城市的地理纬度来代表：

西安：北纬 34.17°

洛阳：北纬 34.41°

巴中：北纬 31.51°

它们和《张衡浑仪注》中"北极出地三十六度"所要求的北纬 35.48°都有 1°以上的差别。综合考虑中国汉代的天文观测水准，观测误差超过 1°是难以想象的，何况是作为基本参数的数值，误差不可能如此之大。

这样一来问题就大了——浑天说到底是在什么地方创立的呢？创立地点一旦没有着落，创立时间会不会也跟着出问题呢？

向西向西再向西

既然地图已经铺开，那我们干脆划一条北纬 36°或 35.48°的等纬度线，由中土向西一直划过去，看看我们会遇到什么特殊的地点？

这番富有浪漫主义色彩的地图作业，真的会将我们带到一个特殊的地点！

那个地方是希腊东部的罗得岛（Rhodes），纬度恰为北纬36°。这个岛曾以"世界七大奇迹"之一的太阳神雕像著称，但是使它在世界天文学史上占有特殊地位的，则是古希腊伟大的天文学家希帕恰斯（常见的希腊文拉丁转写为Hipparchus），因为希帕恰斯长期在这个岛上工作，这里有他的天文台。

我的博士研究生毛丹是一个希腊迷，他为这番地图作业提供了新的进展。罗得岛的革弥诺斯（Geminus）活跃于公元前后，著有《天文学导论》18章，其中论述往往以罗得岛为参照点，他在第五章中写道：

> ……关于天球仪的描绘，子午线划分如下，整个子午圈被分为60等份时，北极圈（北天极附近的恒显圈）被描绘成距离北极点6/60（36°）

也就是说，当时革弥诺斯所见的天球仪的"北极出地"就是36°，这恰好就是罗得岛的地理纬度。

为什么这时候可以不考虑35.48°了呢？理由是这样的：如果在公元前后或稍后的某个年代，有人向某个中国人（比方说那段传世的《张衡浑仪注》的作者或记录者）描述或转述一架罗得岛上的天球仪，那天球仪上的北极出地36°，对于一个不是非常专业的听众或转述者来说，都很容易将它和中国古度的三十六度视同等价。

上面这个故事，并非十分异想天开，我们不难找到一些旁证。例如，在《周髀算经》的盖天学说中，就包含了古希腊人所知道的地球寒暑五带知识，而这样的知识完全不是中国本土的——在汉代赵爽为《周髀算经》作注时，他仍明确表示无法相信。

看来，在古代中国的宇宙模型中，早就有古希腊的影子若隐若现了。

浑天说中的"天体"

在浑天说中大地和天的形状都已是球形，这一点与盖天说相比大大接近了今天的知识。但要注意它的天是有"体"的，这应该就是意味着某种实体（就象鸡蛋的壳），而这就与亚里士多德的水晶球体系半斤八两了。然而先前对亚里士多德水晶球体系激烈抨击的论著，对浑天说中同样的局限却总是温情脉脉地避而不谈。

浑天说中球形大地"载水而浮"的设想造成了很大的问题。因为在这个模式中，日月星辰都是附着在"天体"内面的，而此"天体"的下半部分盛着水，这就意味着日月星辰在落入地平线之后都将从水中经过，这实在与日常的感觉难以相容。于是后来又有改进的说法——认为大地是悬浮在"气"中的，比如宋代张载《正蒙·参两篇》说"地在气中"，这当然比让大地浮在水上要合理一些。

用今天的眼光来看，浑天说是如此的初级、简陋，与约略同一时代西方托勒密精致的地心体系（注意浑天说也完全是地心的）根本无法同日而语，就是与《周髀算经》中的盖天学说相比也大为逊色。然而这样一个初级、简陋的学说，为何竟能在此后约两千年间成为主流学说？

原因其实也很简单：盖天学说虽然有它自己的数理天文学，但它对天象的数学说明具备和描述是不完备的（例如，《周髀算经》中完全没有涉及交蚀和行星运动的描述和推算）。而浑天说将天和地的形状认识为球形，这样就至少可以在此基础上发展出一种最低限度的球面天文学体系。只有球面天文学，才能使得对日月星辰运行规律的测量、推算成为可能。但中国古代的球面天文学始终未能达到古希腊的水准——今天全世界天文学家共同使用的球面天文学体系，在古希腊时代就已经完备。浑天说中有一个致命的缺陷，使得任何行之有效的几何宇宙模型，以及建立在此几何模型基础之上的完备的球面天文学都无法从中发展出来。这个致命的缺陷，简单地说只是四个字：地球太大！

中国古代地圆说的致命缺陷

中国古代是否有地圆说，常见的答案几乎是众口一辞的"有"。然而这一问题并非一个简单的"有"或"无"所能解决。

被作为中国古代地圆学说的文献证据，主要有如下几条：

南方无穷而有穷。……我知天下之中央，燕之北、越之南是也。（《庄子·天下》引惠施）

浑天如鸡子。天体圆如弹丸，地如鸡中黄，孤居于内，天大而地小。天表里有水，天之包地，犹壳之裹黄。（东汉·张衡《浑天仪图注》）

天地之体状如鸟卵，天包于地外，犹卵之裹黄，周旋无端，其形浑浑然，故曰浑天。其术以为天半覆地上，半在地下，其南北极持其两端，其天与日月星宿斜而回转。（三国·王蕃《浑天象说》）

　　惠施的话，如果假定地球是圆的，可以讲得通，所以被视为地圆说的证据之一。后面两条，则已明确断言大地为球形。

　　既然如此，中国古代有地圆学说的结论，岂非已经成立？

　　但是且慢。能否确认地圆，并不是一件孤立的事。换句话说，并不是承认地球是球形就了事。在古希腊天文学中，地圆说是与整个球面天文学体系紧密联系在一起的。西方的地圆说实际上有两大要点：

　　1、地为球形；

　　2、地与"天"相比非常之小。

　　第一点容易理解，但第二点的重要性就不那么直观了。然而在球面天文学中，只在极少数情况比如考虑地平视差、月蚀等问题时，才需计入地球自身的尺度；而绝大部分情况下都将地球视为一个点，即忽略地球自身的尺度。这样的忽略不仅非常必要，而且是完全合理的，这只需看一看下面的数据就不难明白：

地球半径　6，371 公里

地球与太阳的距离　149，597，870 公里

上述两值之比约为　1：23481

进而言之，地球与太阳的距离，在太阳系九大行星中仅位列第三，太阳系的广阔已经可想而知。如果再进而考虑银河系、河外星系……那更是广阔无垠了。地球的尺度与此相比，确实可以忽略不计。古希腊人的宇宙虽然是以地球为中心的，但他们发展出来的球面天文学却完全可以照搬到日心宇宙和现代宇宙体系中使用——球面天文学主要就是测量和计算天体位置的学问，而我们人类毕竟是在地球上进行测量的。

现在再回过头来看中国古代的地圆说。中国人将天

地比作鸡蛋的蛋壳和蛋黄，那么显然，在他们心目中天与地的尺度是相去不远的。事实正是如此，下面是中国古代关于天地尺度的一些数据：

天球直径为 387，000 里；地离天球内壳 193，500 里。（《尔雅·释天》）

天地相距 678，500 里。（《河洛纬·甄耀度》）

周天也三百六十五度，其去地也九万一千余里。（杨炯《浑天赋》）

以第一说为例，地球半径与太阳距离之比是 1：1。在这样的比例中，地球自身尺度就无论如何也不能忽略。然而自明末起，学者们常常忽视上述重大区别而力言西方地圆说在中国"古已有之"；许多当代论著也经常重复与古人相似的错误。

非常不幸的是，不能忽略地球自身的尺度，也就无法发展出古希腊人那样的球面天文学。学者们曾为中国古代的天文学为何未能进展为现代天文学找过许多原因，诸如几何学不发达、不使用黄道体系等等，其实将地球看得太大，或许是致命的原因之一。

评价宇宙学说的合理判据

　　评价不同宇宙学说的优劣，当然需要有一个合理的判据。

　　我们在前面已经看到，这个判据不应该是主张宇宙有限还是无限。也不能是抽象的"唯心"或"唯物"——历史早已证明，"唯心"未必恶，"唯物"也未必善。

　　另一个深入人心的判据，是看它与今天的知识有多接近。许多科学史研究者将这一判据视为天经地义，却不知其实大谬不然。人类对宇宙的探索和了解是一个无穷无尽的过程，我们今天对宇宙的知识，也不可能永为真理。当年哥白尼的宇宙、开普勒的宇宙……今天看来都不能叫真理，都只是人类认识宇宙的过程中的不同阶

发明里的中国

梯，而托勒密的宇宙、第谷的宇宙……也同样是阶梯。

对于古代的天文学家来说，宇宙模式实际上是一种"工作假说"。因此以发展的眼光来看，评价不同宇宙学说的优劣，比较合理的判据应该是：

看这种宇宙学说中能不能容纳对未知天象的描述和预测——如果这些描述和预测最终导致对该宇宙学说的修正或否定，那就更好。

在这里我的立场很接近科学哲学家波普尔（K. R. Popper）的"证伪主义"，即认为只有那些通过实践（观测、实验等）能够对其构成检验的学说才是有助于科学进步的，这样的学说具有"可证伪性"（falsifiability）。而那些永不会错的"真理"（比如"明天可能下雨也可能不下"之类）以及不给出任何具体信息和可操作检验的学说，不管它们看上去是多么正确（往往如此，比如上面那句废话），对于科学的发展来说都是没有意义的。①

按照这一判据，几种前哥白尼时代的宇宙学说可排名次如下：

1、托勒密宇宙体系。

2、《周髀算经》中的盖天宇宙体系。

3、中国的浑天说。

至于宣夜说之类就不具有加入上述名单的资格了。宣夜说之所以在历史上没有影响，并非因它被观测证据所否定，而是因为它根本就是"不可证伪的"，对于解决任何具体的天文学课题来说都是没有意义的，因而也就没有任何观测结果能构成对它的检验。其下场自然是无人理睬。

托勒密的宇宙体系之所以被排在第一位，是因为它

———————————

① 波普尔的学说在他的《猜想与反驳》（1969）和《客观知识》（1972）两书中有详尽的论述。此两书都有中译本（上海译文出版社，1986，1987）。在波普尔的证伪学说之后，科学哲学当然还有许多发展。要了解这方面的情况，迄今我所见最好的简明读物是查尔默斯（A. F. Chalmers）：《科学究竟是什么？》，商务印书馆，1982。

是一个高度可证伪的、公理化的几何体系。从它问世之后，直到哥白尼学说胜利之前，西方世界（包括阿拉伯世界）几乎所有的天文学成就都是在这一体系中作出的。更何况正是在这一体系的营养之下，才产生了第谷体系、哥白尼体系和开普勒体系，最终导致它自身被否定。

我已经设法证明，《周髀算经》中的盖天学说也是一个公理化的几何体系，尽管比较粗糙幼稚。其中的宇宙模型有明确的几何结构，由这一结构进行推理演绎时又有具体的、绝大部分能够自洽的数理。"日影千里差一寸"正是在一个不证自明的前提、亦即公理——"天地为平行平面"——之下推论出来的定理。[1]而且，这个体系是可证伪的。唐开元十二年（公元 724 年）一行、南宫说主持全国范围的大地测量，以实测数据证明了"日

----

① 关于这一点的详细论证请见江晓原：《周髀算经》——中国古代唯一的公理化尝试，《自然辩证法通讯》18 卷 3 期（1996）。

影千里差一寸"是大错，①就宣告了盖天说的最后失败。这里之所以让盖天说排名在浑天说之前，是因为它作为中国古代唯一的公理化尝试，实有难能可贵之处。

浑天说没能成为象样的几何体系，但它毕竟能够容纳对未知天象的描述和预测，使中国传统天文学在此后的一两千年间得以持续运作和发展。它的论断也是可证伪的（比如大地为球形，就可以通过实际观测来检验），不过因为符合事实，自然不会被证伪。而盖天说的平行平面天地就要被证伪。

中国古代在宇宙体系方面相对落后，但在数理天文学方面却能有很高成就，这对西方人来说是难以想象的。其实这背后另有一个原因。中国人是讲究实用的，对于纯理论的问题、眼下还未直接与实际运作相关的问题，都可以先束之高阁，或是绕而避之。宇宙模式在古代中

---

① 同样南北距离之间的日影之差是随地理纬度而变的，其数值也与"千里差一寸"相去甚远——大致为二百多里差一寸。参见中国天文学史整理研究小组：《中国天文学史》，页164。

　　　　　　　　发明里的中国

国人眼中就是一个这样的问题。古代中国天学家采用代数方法，以经验公式去描述天体运行，效果也很好（古代巴比伦天文学也是这样）。宇宙到底是怎样的结构，可以不去管它。宇宙模式与数理天文学之间的关系，在古代中国远不像在西方那样密切——在西方，数理天文学是直接在宇宙的几何模式中推导、演绎而出的。

关于宇宙是否可知的思考

《周髀算经》在陈述宇宙是直径为 810，000 里的双层圆形平面后，接着就说：

> 过此而往者，未之或知。或知者，或疑其可知，或疑其难知。

意思是说，在我们观测所及的范围之外，从未有人知道是什么，而且无法知道它能不能被知道。此种存疑之态度，正合"知之为知之，不知为不知，是知（智）也"之意，较之今人之种种武断、偏执和人云亦云，高明远矣。张衡《灵宪》中说"过此而往者，未之或知也。未之或知者，宇宙之谓也"，也认为宇宙是"未之或知"的。

在对宇宙的认识局限这一点上来说，古代中国人的想法倒是可能与现代宇宙学思考有某种暗合之处。例如明代杨慎说：

　　盖处于物之外，方见物之真也，吾人固不出天地之外，何以知天地之真面目欤？①

他的意思是说，作为宇宙之一部分的人，没有能力认识宇宙的真面目。类似的思考在现代宇宙学家那里当

---

① 《升庵全集》卷七十四"宋儒论天"。

发明里的中国

然会发展得更为精致和深刻，例如惠勒（J. A. Wheeler）在他的演讲中，假想了一段宇宙与人的对话，我们不妨就以这段对话作为本文的结束：①

宇宙：我是一个巨大的机器，我提供空间和时间使你们得以存在。这个空间和时间，在我到来之前，以及停止存在之后，都是不存在的，你们——人——只不过是在一个不起眼的星系中的一个较重要的物质斑点而已。

人：是啊，全能的宇宙，没有你，我们将不能存在。而你，伟大的机器，是由现象组成的。可是，每一个现象都依赖于观察这种行动，如果没有诸如象我所进行的这种观察，你也绝不会成为存在！

惠勒的意思是说，没有宇宙就不会有人的认识，而

---

① 见方励之编：《惠勒演讲集——物理学和质朴性》，安徽科学技术出版社，1982，页18。

没有人的认识也就不会有宇宙——这里的宇宙，当然早已不是"纯客观"的宇宙了。

附记：

本文原是 1997 年应李政道先生的邀请，为他召集的一次报告会而专门准备的。不料我到会上一看，不少听众都是画家（记得有华君武、黄胄的夫人等，都是李先生的朋友），估计让他们听本文的内容可能太抽象了，就临时换了一个题目，讲稿自然也没有了，凭空讲了一通。后来李先生宴请时，那些画家对我表示，我讲的东西他们"基本能听懂"。至于本文那就权当操练一次学问了。

原载《传统文化与现代化》1998 年第 5 期。

图书在版编目（CIP）数据

发明里的中国/江晓原著.-上海：上海文艺出版社.2019.7（2021.10重印）

（九说中国）

ISBN 978-7-5321-7294-8

Ⅰ.①发… Ⅱ.①江… Ⅲ.①创造发明－介绍－中国

Ⅳ.①N092

中国版本图书馆CIP数据核字 (2019)第133818号

发 行 人：陈　徽

策 划 人：孙　晶

责任编辑：胡远行　张艳堂

封面设计：胡斌工作室

书　　名：发明里的中国

作　　者：江晓原

出　　版：上海世纪出版集团　　上海文艺出版社

地　　址：上海绍兴路7号　200020

发　　行：上海文艺出版社发行中心发行

　　　　　上海市绍兴路50号　200020　www.ewen.co

印　　刷：常熟市华顺印刷有限公司

开　　本：787×1168　1/32

印　　张：6.5

插　　页：2

字　　数：90,000

印　　次：2019年7月第1版　2021年10月第5次印刷

I S B N：978-7-5321-7294-8/G · 0253

定　　价：25.00元

告 读 者：如发现本书有质量问题请与印刷厂质量科联系　T:0512-52605406